春潮NOV+

好心情手册

邵夷贝 著

中信出版集团 | 北京

图书在版编目（CIP）数据

好心情手册 / 邵夷贝著. -- 北京 : 中信出版社,
2020.9（2025.6 重印）
ISBN 978-7-5217-1779-2

Ⅰ. ①好… Ⅱ. ①邵… Ⅲ. ①普通心理学－通俗读物
Ⅳ. ①B84-49

中国版本图书馆CIP数据核字(2020)第062466号

好心情手册

著　　者：邵夷贝
出版发行：中信出版集团股份有限公司
（北京市朝阳区东三环北路 27 号嘉铭中心　邮编　100020）
承 印 者：嘉业印刷（天津）有限公司

开　　本：787mm×1092mm　1/32　　印　　张：7.25　　字　　数：180千字
版　　次：2020年9月第1版　　印　　次：2025 年 6 月第 10 次印刷
书　　号：ISBN 978-7-5217-1779-2
定　　价：49.80元

服务热线：400-600-8099
投稿邮箱：author@citicpub.com

和我一起，

像创作音乐一样创造生活

目录

contents

第三章

途中：了解自己是最重要的事 _067

第四章

继续：获得稳定好心情的六个法宝 _099

第五章

进阶：如何轻松舒适地与他人相处 _127

自序

为什么写这么一本书？

因为有很长一段时间不开心。

作为一个音乐创作者，我曾以悲伤为美，认为痛苦是创作的源泉。它赐人敏锐的感受力，也很容易让人因敏感而产生情绪波动。

作为一个受传统中式教育长大的孩子，我自小家教严格——犯错必然会被批评，进步鲜少受到称赞，习惯小心谨慎，成长过程中一度很难获得油然而生的快乐。

而作为一个古早时期的初代网红，网络人身攻击一度把我击垮，有将近两年的时间我拒绝和外界联系，一切社交都令我备受煎熬。

我陷入了一种看似不明显，却不能忽视的困境——无法享受生活，无法获得稳定的好心情，无法维持足够时长的专注，无法保持平稳而饱满的精神和创作状态，每天都被不知道是什么的事情消耗着能量，疲惫不堪。

现实残酷起来的话，绝对不会考虑人的承受能力。天灾人祸，毫无征兆地冲击着每个人的生活，危机接连出现的时候没有什么机会让人喘息。稳定的情绪和积极的心态在这些事情面前是一种能力，是武器，也是救命稻草。

日常生活中，我们每天也疲于应对各种细微的变化和不确定。这些“不确定”带来了很多危机感和情绪焦虑。适度的焦虑令人奋进，而持续的焦虑则会把人拖垮。

“不开心”这件事人人都能做到，但只有被坏情绪击垮过的人，才能够真正意识到“好心情”有多么重要。

世界上有越来越多娱乐的形式、快乐的方法，可我们依然很难获得“稳定的快乐”。

“为什么持久的满足感不能延续？”

“为什么幸福的人非常罕见？”

“我有没有可能凭借一己之力走出目前的心理困境？”

为了解答这些问题，我开始接触心理学，尝试从书本知识中寻找答案。这不仅是为了自救，也是因为好奇。我除了是个“敏感易碎”的文艺女青年外，也是个拥有“偶发理性”的知识女性。

必须让自己从剧烈的情绪波动中，从对周遭人事物过分敏锐的恐惧中走出来。同时，也希望自己的生活不仅仅局限于与自身弱点的对抗，期待能挣脱被弱点束缚住的手脚，找出一套与自己的情绪、头脑更好相处的方式。

活下去，尽情地投入到这个不完美的世界中间去。

从开始进修到最终写完，完成这本书我用了整整三年。它不仅是一个知识和方法论的系统梳理，也结合了我自身的实践。我希望它可以经过验证，让一个特别不快乐的人获得稳定而充盈的情绪状态，从疲惫而沉闷的生活状态中走出来，找到充满动力的“活法”。

我做到了，希望也能对你们有用。

本书的很多知识源于积极心理学的教材和理论。

积极心理学作为20世纪末新兴的心理学流派，致力于研究人的优势心理状态，比如快乐、专注、幸福、希望、宁静等积极情绪产生的原理，尝试通过科学的方式帮助人们寻找告别烦恼的方法，并试图让更多人建立最优的心理体验。

教材措辞学术、知识繁杂，虽有触动却很难直接改善我的生活。为了建立一套行之有效的"行动法则"，我依据自己的理解重新整理出了一套逐步建立稳定的"好心情"的方法，也就是这本《好心情手册》。

在我的理解里，获得稳定的快乐是一种生活技能，一种能够变成内在习惯的、有"秩序感"的心理体验。

我们的日常，如果不加约束，就会自发地向混乱、无序的方向发展。这一现象也在某种程度上印证了"热力学第二定律"——不加约束的能量会自动地向混乱发展。

对于现代社会的我们来说，单单是把自己的注意力从芜杂而混沌的信息流里捞出来就已经很难了，"冷静、清醒、有条理"则是对当代人而言极其重要的优良品质。我们总结的很多规则、秩序上的经验、自律的努力，都是在与这种混乱进行对抗。若是能在这混乱中建立生活的条理，让一部分日常不内耗地规律运行，生活会轻松得多。

我们的生活始终在接受这两种相反力量的拉扯，一种力量制造秩序与效率，一种力量引发混乱与消耗，比如：努力和休闲。

人需要休闲、睡眠、彻底的松弛以积攒体力和精力来保证持续的努力，也需要高效的努力来换取不受约束、自由选择的休闲。努力制造秩序，休闲则消解秩序。这两个互为因果的选项永远在左右着我们的日常选择，决定着我们人生的走向。

有没有更好的方法，能使努力和休闲不互相消耗，使努力的过程有更多愉悦感，使休闲带来的欢乐也可以积累和持续供能？

这就是这本书试图探索的内容：通过知识和自己的实践，提供一套“可持续快乐”的生活逻辑——把容易混乱的部分纳入规则，从而节省出更多的自由时间体验快乐。

像锻炼肌肉一样练出稳定的“好心情”。

1946年，世界卫生组织在其宪章的序言里写道：“健康是一种身体上、精神上以及社会关系上的全面良好状态，而不仅仅是没有疾病或不虚弱。”

“好心情”和“好身体”一样，是健康的重要组成部分。

在现代社会里，“时代病”被频繁提及，每个人都会或多或少被消极的情绪萦绕，而获得“好心情”并不是说一句“我们都要内心强大”就可以办到的，心灵鸡汤也没法持续供能。

“好心情”需要通过系统的训练去建立和维护。

所以，这不是一本单纯的“享乐手册”，阅读的过程不见得全是轻松愉悦的。

那些烧脑的部分就像使肌肉酸痛的力量训练一样，只要你愿意投入时间和注意力去探索，就会得到有益的收获。若是绕开或者半途而废，则有可能一无所获。

在让自己变好这件事情上，从来没有一劳永逸的“神仙丹”和

“武功秘籍”。枯燥而乏味的坚持是建立稳定心态的必经之路，希望我们都能在这一过程中破除些幻觉。

书中没有太多的观点输出，许多地方需要你依据自己的经验去填充、去测试。它不是来自我的生活意见，而是来自你的自我梳理，帮助你和自己展开一次有效的交谈。

若你能认真地思考书中的问题，填写书中的表格，定期回顾和自我检视，相信当阅读结束，这将变成一本属于你的，可以在迷茫时反复翻阅的个人思考笔记书——一个属于你的“内心世界的秩序”。

人生旅途漫长，陪伴你最久的那个人是你自己，能真正改变你的人也只有自己。在旅程的开始，我期待你试着去“认识自己”；在旅程的结束，我希望你能够“成为自己”，去建立自己的人生哲学，去探索适用于自己的生活方式，去实现属于自己的稳定好心情。

这个世界残酷与美好并存，对任何人来说都是一样。未来充满挑战与风险，这也正是它有趣的地方。

出发吧，开启这趟旅程！

通往不幸有一个最简单的步骤：
什么也不做。

——泰勒·本－沙哈尔，《幸福的方法》

01 · 那些需要提前回答的问题

什么是这本书要建立的“好心情”？

我们试图建立的“好心情”不是短暂的愉悦，而是“可维持的积极稳定的状态”。这种状态可以为我们提供更多的活力和精力，促使我们更高效、更高兴地工作与生活。

本书将帮助你梳理出你的认知误区、个人优势、价值取向和行动需求，提供一套系统的方法，让你在自身基础上逐步建立积极的状态。

每个人都可以建立这种“好心情”吗？

每一个技能的训练和习惯的养成，都需要付出持之以恒的努力，获得稳定的好心情也不例外。

它并不是一件一劳永逸的事情，你不可能看完这本书就获得了超能力。你需要将这些知识变成自己的认知，然后将认知培养成习惯。这是一个需要毅力、动力并持续重复的训练过程。

为什么“好心情”这么重要？

获得积极的情绪是一种思维方式。它并不单纯用来营造生活中的

“小确幸”，也会直接改变我们看待世界的视角和处理问题的方式。

对于现代社会生活中常见的压力过大、焦虑和抑郁状态，它都有良性的缓解作用。

内在的思维方式和积极的动机，比外在的一切娱乐刺激都更持久有效。只有养成“好心情”的内在习惯，才有可能保持旺盛的精神状态和稳定的情绪，才有足够的能量去克服困难，追求想要的生活。

02 · 如何使用这本书

本书的章节顺序是按照一场“冒险类游戏”的思路进行设计的。

在这场“好心情之旅”的阅读游戏中，我们通过知识来改善认知，通过方法来训练情绪应对技巧，通过表格和测试来自我梳理。就像过关打怪、修炼升级，逐步建立稳定的好心情。

书中的每一章节基本分为以下几个板块：

正文

顺序阅读，逐步理解开心的原理和建立好心情的知识体系。

表格、测试

空白表格由你梳理和填写，“范例”则由我来填写提供参考。在附赠的“好心情测试本”中，我也按照书中的逻辑顺序将一些重要表格再次排列，方便你统一梳理。

章节总结、阶段反馈

每一章结尾都有总结，帮助你梳理一整章的内容。通过总结，你可以看到自己在这个章节的进展反馈，总结自己的收获和进步。

延伸阅读

书中提及的一些发散的知识点分享，不属于正文的知识体系，可以作为兴趣阅读。

03 · 重要声明

作为一本自助手册，《好心情手册》针对的是普遍的情绪困扰。如果心理问题已上升到了病理状态，请及时就医，寻求专业人士的帮助，遵循医嘱。

出发吧！
开启这趟旅程！

第一章

15分钟快速启动

『好心情之旅』

我希望你把它看作一个“现实游戏”。

我们往往可以很轻松地打开一个游戏，创建角色，了解规则，积攒装备……即使有重复单调的升级打怪环节，玩家也很少会抱怨、排斥和恐惧，反而会有持续的愉悦感和成就感。

而当我们面对人生时，却很难像玩游戏一样去忍受风险和失败，甚至很难享受微小的胜利。真实的生活事关生存，每一个选择都可能决定命运，没办法注销账号，只能在现实的旅途中紧张而谨慎地移动着。

如果我们将“建立好心情”这一目标单独列出来，将之变成一个“现实游戏”呢？

首先，这个游戏不会让你的生活承担风险——它仅仅关乎内在自我的改变，不会直接影响与你生存有关的重要决策。

同时，它又对现实生活有切实的帮助——通过对你内在状态的调整，将效果直接反馈到现实中，让你直观感受到现实世界中状态的升级，并能够因此获得回报。

所以，让我们放轻松，一起用打游戏的心态来开始这段“好心情之旅”。

这将是一段美妙的旅程，让我们一起感受我们是如何通过科学技巧和知识来寻得力量、获取能量、找到优势、克服困难并最终收获成长的吧。就像在游戏里提升技能获得金币和宝箱一样，你也会在“好心情之旅”中不知不觉建立改善自己生活的能力。

那么，就开启这个“现实游戏”吧！

（一）启动仪式

无论你手头有什么事情，无论你面对着多少烦恼，此时此刻，如果想要唤醒你美好的心情，请立即坐下，拿出纸笔或打开文档，忽略掉一切琐事，计时 15 分钟。让我们放弃一切杂念，启动你的“好心情之旅”。

（为了避免你找借口拖延，可以告诉自己：除非是极其紧急的事情，大多数事等上 15 分钟再去处理不会有任何问题。如果你在工作时段没办法拥有 15 分钟的自由，那就选择在非工作时段进行。）

先问自己一个问题：你是不是由衷地期待自己获得稳定的好心情？

“内外一致”是我们真正把一件事情做好的前提。如果我们选择做的事情违背了我们的意愿，仅仅因为“大家都这样做”或者“别人让我这样做”，那我们就会非常容易放弃。好玩的游戏不也都是我们自愿去玩的吗？所以，如果你并不是自愿加入这趟“好心情之旅”的，现在就可以合上这本书，送人或丢掉它。

你是由衷地期待获得好心情吗？

○是 / ○不是

下面，把你“好心情之旅”的名字认真地写在这里。

____________ 的好心情之旅

我们需要让这趟旅途生动、有生命力，让它成为你生活中的一个陪伴。所以，请像对待收养的小动物一样对待它，把它的名字写下来，对它负责，比如，“邵夷贝的好心情之旅”。

写下名字也是一种仪式，它宣告你正式开始让这趟“好心情之旅”进入到你的生活里了。

（二）从零开始做一个开心的人

不管你是天生乐观的人，还是从出生起就无比沮丧，我们的旅程都将从你现在的“开心水平”起步，基于你现有的状态开始行动。

如何标注此刻的起点呢？

每一趟旅程，我们都需要一个期待自己会到达的目的地。

在这趟“好心情之旅”中，如果我们期待最终获得“理想中的状态”，那现在，就应该先尝试找到自己的位置：我们距离目的地还有多远？往哪个方向走更容易接近目标？要在哪几个部分努力？

接下来，你要通过一张“靶心图”来协助自己找出你所处的大概位置，以及即将前进的方向。

心情的好坏往往不是单纯的情绪问题，而是综合因素影响的结果，也许是身体不适、情绪不佳，也许是现实的冲击、对未来的迷茫……获得“稳定的积极状态”实际上是一整套身心与现实的协调。

因此，我们的靶心图，以及整本书都将围绕以下四个维度去进行梳理：

请你在这四个维度分别为自己的现状打分，分数范围是1—10，越接近“理想中的自己”，分数越高。

身心

（你此刻身体状态和情绪状态的好坏程度）

很不好 1 - 2 - 3 - 4 - 5 - 6 - 7 - 8 - 9 - 10 **非常好**

境遇

（你对此刻生活现状、外部环境、现实遭遇的满意程度）

很不满意 1 - 2 - 3 - 4 - 5 - 6 - 7 - 8 - 9 - 10 **非常满意**

认知

（面对生活中重大的突发事件和剧烈变化，你倾向于积极地解读并迅速疏解情绪，还是悲观地解读并花很长时间理解和接受）

消极悲观 1 - 2 - 3 - 4 - 5 - 6 - 7 - 8 - 9 - 10 **积极乐观**

价值

（你是否清楚自己喜欢做什么，是否已经在做能实现自己价值的事情了）

不清楚，没在做 1 - 2 - 3 - 4 - 5 - 6 - 7 - 8 - 9 - 10 **很清楚，在做了**

在下面这张靶心图每个区域相应的分数环上画一个“×”，来表示你今天所处的位置（越靠近靶心分数越高）：

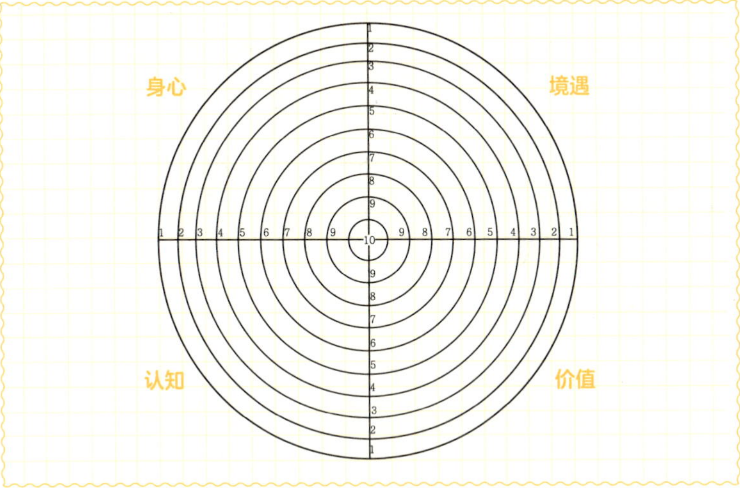

从这个靶心图，你可以清晰地看到“现实中的你”与“理想中的你”，以及“现实生活”与“理想生活”之间的差距，还能看到你在身心、境遇、认知、价值四个维度上是否平衡。

而我们的“好心情之旅”就是协助你建立稳定的理想状态，并分别建立生活中这几个面向的平衡。

现在，让我们把靶心图中标注了“×”的地方看作是旅程的“起点”。

过去的一切不再是羁绊、挫败或折磨，而是经验、回忆和有待修复或加强的具体事项，是开始下一局游戏的起始条件。它们造就了今天的你我，也是我们未来做出的每一个选择的基础。不需要和任何人比较，从今天起，在“好心情之旅”中踏出的每一步，都是为了获得一个状态更佳的自己。希望未来你只和现在的自己比较，来评判旅程最终是否有所收获。

乔丹·彼得森（Jordan Peterson）教授说过这样一句话：“把你对生活的态度实践出来，你才能得到存在的证明。没人能告诉你，哪条路是你的路，你的使命就是去发现答案。”

我们都需要在不断的尝试中找到属于自己的答案，这也是这趟旅程的意义所在。

从零开始，出发吧！

（三）最终摘得的“金杯”是什么

所有的冒险游戏都有“金杯”或“宝藏”在终点等待，那么，这趟“好心情之旅”的“金杯”是什么呢？

在接下来的章节里，我们将一起完成的目标包括：

了解那些决定我们情绪状态的因素，找到最适合自己的情绪对策，让自己在情绪波动后最快回到最佳的情绪状态，应对生活中的挑战和变化。

从万千杂乱的现象中理出一个相对清晰的“你”——你的优势，你的动机，对你来说最重要的事情，成为怎样的人会令你更开心，等等。通过这种方式，找到最适合自己定位的路径。

拿到“获得快乐”的技巧锦囊，你可以在压抑沮丧时随手打开锦囊，按情境选择让自己走出低迷的有效方法。

收获重要生活、工作场景的应对策略，得到社交、亲密关系、工作中调节情绪、与人沟通的合理建议。

得到一张比较清晰的“行动地图”，更加明确自己的目标，并掌握随时反思和调整目标的方法。有比较均衡的生活框架，更清楚自己的失衡和盲点，学会自行校准方向。

“好心情之旅”是一场无害的现实挑战游戏。

像所有的游戏一样，我们自愿参与、建立角色、进入场景，构架起始条件和挑战的目标，追逐终点的奖章和金杯。同时，不管起始时你是一手好牌还是一手烂牌，只要坚持打下去，就总会有提升。

唯一不同的是，这将是你在现实生活中的提升。坚持把这个游戏融入生活，你总能摘到属于自己的“现实金杯”。

我们的目标是成为一个心情好且整体状态佳的人，而这本书、这趟旅程，就是旨在帮助你达成这样一个目标。

我期待你通过对书中概念的理解和践行，从起点出发，向这几个目标行进：

☆目标一：稳定“情绪曲线”，提升整体的“幸福基准线”（第二章）

☆目标二：成为一个“自得其乐”的人（第三章）

☆目标三：获得平衡而喜悦的“蓬勃人生”（第四章）

在全书结尾，我们会对这三个目标逐一梳理回望，看看自己经历了全部旅程之后是否实现了愿望，又实现到了什么程度。

15 分钟的启动仪式到此结束，如果你确实希望平衡地接近理想中的生活，那就留出更多空闲，像玩游戏或锻炼身体一样，为“好心情之旅”投入时间和精力吧。

真正的训练和挑战就要开始啦。

梳理时刻

完成 15 分钟的启动仪式后，你可以在这里写下感想：

- 我的现实和预期距离远吗？

- 我生活中有哪些部分是极度不平衡的？

- 我生活中有哪些部分是我迫切想要改变的？

- 我是否满意现状？

- 如果不满意，我是否有勇气去挑战并让一切变得更好？

· 本章总结 ·

启动仪式

帮助你快速启动，像玩游戏一样开始这趟并不轻松的旅程。

从零开始做一个开心的人

从身心、境遇、认知、价值四个维度出发，分析自己此刻的状态和渴望达到的状态，更加了解自己目前所处的位置。从当前的“起点”出发，去追求四个维度的成长。

最终摘得的“金杯”是什么

本书最终希望帮助你达成三个目标，让我们一起期待这趟旅程的收获吧。

Hello world hello world

我为我创造世界　勇敢又无邪

做自己的主宰

Hello world hello world

没兴趣畏惧等待　时光不重来

这天地太精彩

——《Hello World》

第二章

启程：尊重自己的情绪，哪怕是低落的

这本书在很大程度上是写给内心柔软敏感、渴望找到方法好好应对情绪困扰，继而更好地去生活的你我他；写给每一个感觉自己在暗海中独自前行，还没有看到灯塔的人。希望这本书能给你这样的感受：暗海并行，有微光。

那么，是时候一起直面阻碍我们获得“好心情”的直接因素了——不开心。

在这一章里，我们将看到自己负面情绪背后的心理机制、积极情绪的作用，以及该如何从一个消极沮丧的人逐渐变成积极乐观的人，在现有基础上借助情绪的力量改善生活。

（一）致我们的消极情绪

乐观、开朗、积极、主动，似乎是一种新的“政治正确”。

无论是明星艺人还是普通上班族，似乎只有随时随地都拥有“正能量”的人才有可能受欢迎，才能够拥有美好的前程。

我相信此时此刻的你，一定希望每一天都能保持元气满满的状态，远离沮丧，甚至会努力维持这样一种表象。然而，真实的情况往往不尽如人意。

世界卫生组织 2017 年公布的心理卫生调查报告显示，全球有超过 3 亿名抑郁症患者，而这一数据还有可能逐年升高。还有很多人常年受到焦虑、紧张等情绪状态的困扰。从大数据上来看，心理问题对人类社会的影响已经逐渐超越了战争和自然灾害。

任何一个正常人，无论敏感还是粗线条，都不可能持续保持着情绪高亢，都要经历情绪的起伏，这是正常的情绪反应。只要你还活着，就必然会有情绪的波动。

可是，在铺天盖地的“正能量文化”面前，很多消极和忧郁的情绪无处安放，很多人觉得不开心却不知该如何抒发。而说过“生而为人，我很抱歉”的太宰治所写的《人间失格》，在中国的图书销售榜上常年位居前列。

截至 2017 年，中国有超过 5400 万人患有抑郁症。与此相对的是，我国抑郁症的识别率仅有 30%，就医率不到 10%。更不要说，这个世界上还有一半的人生来就是内向敏感的性格，天生更容易受到情绪的困扰，更容易忧伤。

上述事实只是为了说明，你的忧伤并不孤单。它隐藏在每个人的内心深处，每个深夜失眠的房间里，每趟人生旅途中无助而茫然的瞬间。

你的忧伤没有错。

作为一个真实的人类，你产生的所有情绪都是正常的。我们不倡导大家逃避或否认自己的消极情绪，要知道，当你把消极情绪当作敌人的时候，你距离“好心情”就更远了。很多时候，令我们不开心的并不是消极情绪本身，而是我们对消极情绪的回避。

这也是我最初研究“好心情”时遇到的最大困扰。我一直以为

“好心情”就是一直很开心，结果每次情绪低落都并不是被坏情绪打败，而是被“没有成功获得开心”的挫败感击倒。我们试图用自我麻痹、否认、逃离等形式奋力地摆脱消极情绪，却只会陷入更大的情绪困扰之中。

这并不是本书提倡的方法。

相反，你需要去正视情绪，尊重自己的感受。你需要简单了解一下消极情绪——它是怎么产生的，原理是什么，问题一般出在哪里……

只有这样，你才能找到与情绪相处的方法。

实际上，坏情绪本质上是无害的。我们离不开消极情绪，正是它让我们不至于盲目乐观至死。我们之所以苦恼于它，是因为在某些情况下，失控的糟糕情绪会伤害到自己和他人。我们需要寻求一定的方法去预防和减少伤害，我们需要对自己的行为和情绪负责。

正视消极情绪的存在，不要压抑它、否认它，试着与自己各种类型的情绪相处，是获得“好心情”非常重要的前提。

（二）让我们“持续开心”的到底是什么

短暂的好心情很容易获得：一个踩在笑点上的段子，一首喜欢的歌，一部经典的电影，都能让我们感受到瞬间的美妙，获得短暂的快乐。

从生物学角度来看，一瞬间的外部刺激激活了位于我们中脑腹侧被盖区的神经元，因此触发了“愉悦回路”（又称“快乐中枢”），导致它开始分泌引发相关反应的神经递质（比如多巴胺），让我们产生了愉悦的感觉。[1]

“快乐中枢”让我们快乐，也让我们成瘾。

但是愉悦刺激带来的快乐无法持久。

多巴胺分泌之后我们只会渴望更多的多巴胺，进而需要不断地刺激神经元，直到神经元逐渐变得麻木，需要多巴胺的剂量越来越大。这也是为什么“愉悦”和“成瘾”往往会联系在一起。

当我们对一件事情上瘾时，重复的刺激会导致愉悦回路发生广泛变化，甚至让大脑发生持久的改变，对身体造成伤害。一旦上瘾，

1 此段内容参考了大卫·林登著、覃薇薇译《愉悦回路》，中国人民大学出版社，2014年。——作者注

愉悦会被抑制，欲望会占上风，进而影响我们从其他体验中获得乐趣的途径。刺激带给我们的不再是“愉悦感”，我们变成了多巴胺的奴隶。

如此看来，愉悦并不等同于持久的好心情。那么，我们所渴望拥有的“持久的快乐”到底存不存在呢？

马丁·塞利格曼在《真实的幸福》一书中提出过一个公式，解释了持久的好心情是由哪些因素构成的：

幸福的持久度 =50% 的幸福起始点 +10% 的环境 +40% 的可调整活动

大概的意思是：我们持久的好心情，是受三个因素影响的，其中“幸福起始点”是先天因素，后两个因素则可以通过后天的行为改变。

而所谓的“幸福起始点”，也就是基因和早期经历决定的性格倾向。

基因决定了我们是否天生容易感受到快乐，它占据了幸福持久度的 50%。也就是说，有一半的人天生比较容易感到快乐，像是中了“好心情彩票”。

不过，即使天生幸运，后天的经历和认知行为也有可能让一切归零。而出生时没有中“好心情彩票”的人，也还有 50% 的机会通过后天的努力来获得稳定的好心情。

占 10% 的“环境”因素，指的是我们大多数人认为可以直接带来幸福感的外在因素——金钱、享乐、地位、身份等等。它确实可以影响我们的幸福指数，但它的持续能力非常有限。

现代社会中的一些人认为，外部环境是决定幸福的唯一因素——好车好房子才能决定人的幸福，于是陷入了对物质无止境的追求中。

但研究显示，环境的改变对持久幸福感的影响只有 10%。人非常容易适应环境的改变，所以当我们拥有一件物品后，占有的喜悦很容易转瞬即逝，新鲜的渴望却在持续增加。这也解释了为什么很多人明明获得了想要的却不快乐，“家财万贯却不开心”。

占 40% 的“可调整活动”，包括除了外部环境、先天基因之外，其他所有可控的、可以通过后天努力对幸福感产生提升效果的因素。它也是本书围绕展开的主题，包括认知、规划、情绪调节、对自我的认识以及对外部世界的心态等等。

这占比 40% 的后天“可调整活动”，就是我们在“好心情之旅”全程中需要修炼和精进的。

所谓“好心情”是由很多因素决定的，诸如情绪、身体状态、认知水平、行为实践。很多时候你的不开心也许只是因为此刻的情绪波动，遭遇了现实困境，或是体内的神经递质分泌、荷尔蒙水平变化……我们渴望获得的“持久的快乐”，是这诸多因素综合在一起而形成的稳定积极的心理状态。

大多数时候这些因素会相互影响。比如我们终于获得了一件渴望已久的东西时，却并没有获得期待中的愉悦感。追究原因会发现，这也许是因为那段时间我们正在经历一件倒霉的事（如身体不舒服），也许那样东西的使用体验没有达到预期。

身体、大脑、环境，都在按照非常复杂的方式运转，获得好心情的过程并不是简单的 1+1=2，而是极其复杂的。

如同第一章中的“靶心图”（身心、境遇、认知、价值），为了建立“稳定的好心情”，针对占比 40% 的“可调整活动”，我们接下来也会从四个维度展开论述。

第一个维度，先从情绪入手。

（三）如何应对“不开心”

虽然痛苦伤心、忧虑伤身，但我们还是需要消极情绪的。

很多时候，消极情绪就像是我们脑中的保险装置，它能让我们时刻保持警惕，充满戒备，可以条件反射般地躲避危险和灾难。正是这种“保险装置”让我们从原始时代一直存活至今。

这种条件反射在动物身上体现得更加明显。养过小猫小狗的朋友都会发现，它们睡着时会因为轻微的响动醒来，很难像人一样进入深度睡眠。相信很多主人都有过这样的经历：无论多晚，只要你起床吃东西，哪怕声音再小动作再轻，那双暗中观察的小眼睛总会不请自来，盯住你手中的食物……很多时候，家中的宠物也会比人更早觉察到危险，新闻中也有很多动物在灾难来临前救了主人的事例。

一路进化而来，在现代社会，随着安全水平的提升，我们不再需要面对那么多突如其来的掠夺和灾害了，可是我们的身体依然要求我们时刻保持警惕。于是，没有用武之地的“保险装置”开始向内部释放能量。

它们条件反射般地专注于我们有可能面临的危险，有时还会过分夸大，所以我们时常会感受到莫名其妙的焦虑、对未来的担忧、对未知的恐惧，这些情绪影响着我们的神经递质分泌以及激素水平，从而产生了对身心有伤害的情绪困扰。很多所谓的“现代病”也源于此——过度的压力、焦虑和脑疲劳。

让我们先了解一下消极情绪是通过什么原理控制我们的大脑的。

我们大脑中与消极情绪关系最密切的部分是位于边缘系统的杏仁核。当我们遇到外部刺激或情绪波动，认为自己处于危险的状态时，杏仁核就会被迅速激活，令我们做出应对危险的反应。这是一种最快速的反应，能够让我们用直觉躲避危险。

这是保证我们存活至今的重要反应机制——外部刺激激活情绪，从而直接引发身体的迅速反应。它让我们制造、调动出超常的爆发力，能从突然失控的汽车旁躲开，迅速闪避从楼上坠下的花盆。它不需要大脑思考、分析和指令，因此我们的动作才能足够快，才能争取到那一毫秒的宝贵时间。杏仁核的激活过程是非理性的、迅速的、条件反射的。

而当我们没有面临具体的危险时，杏仁核依然能被激活并产生剧烈的情绪。可能只是一件日常琐事，我们却会条件反射般地哭泣、咒骂、吵闹甚至出手伤人。

幸运的是，除此之外，外部刺激在大脑中还有另外一条更慢的传递路线，它将刺激信息传递到大脑皮层。与杏仁核被激活后的反应不同，它促使我们进行理性思考，解决问题。

也就是说，当我们的头脑遇到一个外部刺激，不管是现实事件还是心理事件，信息都会通过两条路线被传递到大脑的不同区域。第一条路线将信息送入杏仁核进行情绪处理，第二条路线通往大脑皮层，开始理智分析，但是通往杏仁核的路线速度更快，所以在理性分析之前，杏仁核就已先开始了情绪处理。

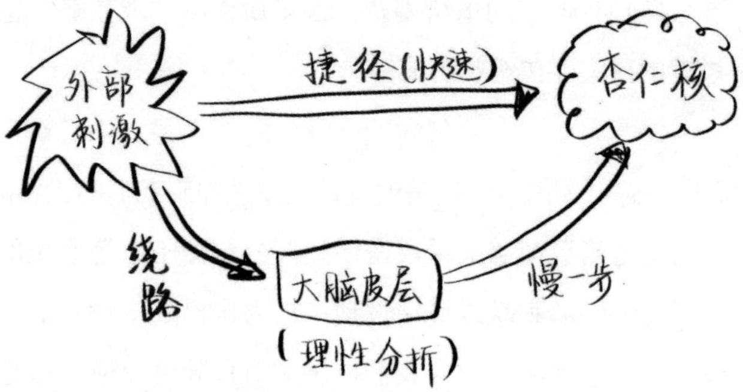

我们无法将这两条路线粗暴地划分为感性和理性，这样很不严谨，但你可以暂时将之理解为："感性的冲动"比"理性的解读"更快、更早、更直接地控制了我们的大脑。

当杏仁核被激活时，我们的情绪占据主导地位，这会导致我们的身体做出一些直接的、条件反射般的反应。外部刺激使杏仁核充血，让我们精神敏感、容易激动、情绪剧烈变动。如果情绪化过于严重，则有可能失去控制，比如说出不该说的话或者做出不该做的事，对自己和身边的人都造成伤害。俗话说"冲动是魔鬼"，这魔鬼大概就是过度充血的杏仁核吧？

我们称这种状况为"杏仁核劫持"。

只有当杏仁核冷静下来后，大脑皮层才会逐渐占据主导地位。我们才会将注意力从情绪上转移，开始冷静思考、分析现状，找到更妥善的解决办法。

这就是消极情绪最常见的触发机制。接下来，我们要对症下药，找到不被情绪控制的办法，把主导权收回自己手中。

通过“杏仁核劫持”的原理，我们明白，不被情绪控制的关键就是不要被激活充血的杏仁核控制。但是，被杏仁核控制是我们基本的身体反应，每个人都必然有情绪波动，我们没办法违背自己的身体机制。

所以即使很多人都在鼓励我们学会“控制情绪”，我却很不喜欢这种说法。我们没办法控制情绪，因为我们没办法控制自己的大脑条件反射。情绪一定会产生，这是不可控的。

举一个很简单的例子，当我说“不要去想一头蓝色的大象！不要去想一头蓝色的大象！”时，你此刻的脑袋里是不是偏偏塞满了蓝色的大象呢？

情绪也一样。我们对自己说：“不要焦虑！不要焦虑！”却只会越来越焦虑。

这个时候，不要忘记还有一条路线被堵住了——因为速度慢而还没有开启的“理智思考”。面对剧烈的情绪反应，我们要做的不是与之对抗，而是等待。需要让“冲动的情绪”缓慢无害地疏解，等待落在后面的“清醒”和“冷静”到达。

非常有趣的是，现实中充满善意的朋友和亲人往往喜欢在这个时候给我们讲道理、灌鸡汤：“你不要冲动！你不要难过！你要内心强大！这点儿挫折没什么！情绪化解决不了问题！你不要这么消极！要培养正能量！”而在杏仁核充血的时候，这样的话很容易火上浇油。被杏仁核控制的我们，很难做太复杂的事情，更加听不进去什么大道理。因此适得其反，没什么逻辑的大脑更冲动了：“我都这么倒霉了，你还教训我！”随之引起激烈的矛盾和争吵，让好意相劝的亲人朋友觉得“好心被当成驴肝肺”。

如果我们可以了解大脑和情绪的反应机制，这些矛盾都是能够避免的。

那么，当杏仁核充血的时候我们该怎么做呢？

面对突如其来的情绪状况，我们可以按照以下步骤来处理：

第一步，觉察到情绪，正视它的存在。

我们暂且把糟糕的情绪比作一头大象，如果大象出现了，我们要做的不是压抑它或者试图控制它。

我们和情绪的关系就类似于象与骑象人[1]，你可以用蛮力控制一头失控的大象吗？不太可能——我们没办法强行左右它的方向，只能与之配合着前进。

我们要接受自己的情绪。就像受伤了会疼一样，遇到不愉快的事情，我们自然会产生负面情绪。你要做的不是忽视这头“大象”，而是发现和接受它的存在——意识到自己出现了情绪，然后正视它，和它打声招呼。

第二步，不要被坏情绪左右了行为。

现在，你知道这头“大象”在你头脑中的存在了——你觉察到了情绪。

1 这个比喻出自乔纳森·海特所著的《象与骑象人》一书。在书中，作者将情绪比作一头不受控制的大象，而理智则是具备驾驭能力的骑象人。——作者注同时，你也知道它出现的原理——情绪被杏仁核劫持了。

这时，你应该意识到，这只是你脑中发生的变化，并不是现实世界中发生的改变。你要让现实中的自己和情绪保持距离，不要被过于激烈的情绪控制了行为。

第三步，转移注意力，和情绪保持距离。

我们知道在杏仁核充血的时候，大多数的行为和判断都比较不理智。所以，如果不是面临非常紧急的事情，我们首先需要停下来，先和坏情绪保持一段距离，让杏仁核冷静下来。最有效的方法就是转移注意力。你可以玩会儿游戏、点个外卖、看个短片、打扫房间、打个电话或者干脆出门健身。

总之，让注意力从令你情绪崩溃的事情上暂时转移，有利于缓解杏仁核充血的情况，让理性思考逐渐占据上风，帮助我们找到解决问题的办法。

你可以在下面的表格中写下“杏仁核劫持”时可以做的事情。这些事情也许只适用于你，只要能迅速让你转移注意力，令大脑冷静下来就好。

分散注意力、让杏仁核冷却的事情：

例如：点外卖、玩电脑游戏、出门跑步、跳舞、K 歌……

1.

2.

3.

4.

除此之外，深呼吸也可以让人平静。

如果你已经在情绪爆炸的边缘，那么可以用“4-4-4-4”的“方块呼吸法”来三次呼吸循环，阻止情绪炸弹瞬间引爆。

“方块呼吸法”是指，吸气时心中默数 4 下，再屏住呼吸默数 4 下，吐气默数 4 下，最后再屏住呼吸默数 4 下。如此循环三次。

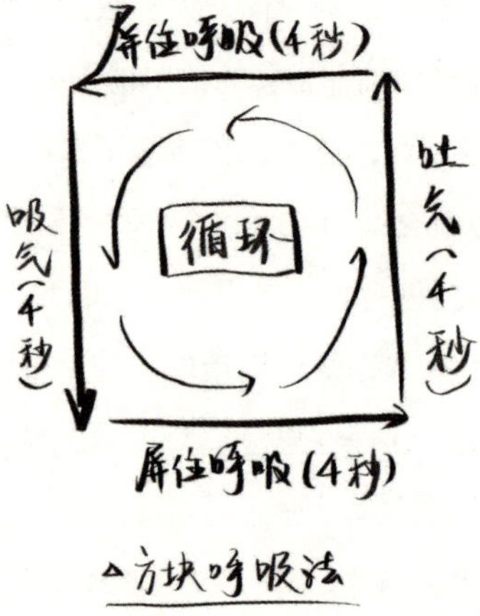

第四步，采用合理情绪疗法，跳出思维的陷阱。

待我们从“杏仁核劫持”中走出来了，就可以冷静地为自己进行一次“合理情绪治疗”。这将帮助我们看清楚引发自己杏仁核充血的“错误信念”和“偏执想法”，降低以后在这些情况下情绪失控的概率。

实际上，我们很多时候并不是真的遇到了特别糟糕的事情，而是对普通的事情进行了非常糟糕的解读，才产生了不良情绪。

而且，越是在抑郁、焦虑等消极的情绪状态下，我们越容易对事情进行消极解读，并且相信自己的解读。

举一个简单的例子，你给一个朋友发信息，但是对方没有回复你。你对这件事情可能会有如下几种解读：

☆他应该在忙事情吧？等他有时间了应该会回复我的。

☆这个人好傲慢！不能和这种人做朋友！

☆他一定生我的气了，我是什么时候惹到他了吗？

☆他不喜欢我，我一直是个讨人厌的人……

☆是不是谁在他那里说了我的坏话？我又得罪谁了啊？

上述几种解读都有可能出现，不同的心境下会有不同的理解，不同的人也会有看待问题的不同方式，而正是这些解读决定了我们的情绪状态。

我们的性格、经历、成长过程决定了我们面对同一件事情时会做出不同理解，而当时的情绪状态、身体状态也会影响我们的解读。

在这个时候，重要的不是追根溯源，弄清我们为什么要这样理解，而是要很清楚地知道，我们对一件事情的理解并不见得是真实的，可能只是我们自己的想法而已。它不一定是真实发生的事实，或许只是一个心理事件。

而大多数时候，我们的情绪是由心理事件引起的，不是由外部事实引发的。

这种情况下，我们需要和自己的大脑进行一次对话，看看是不是因为我们对事情的糟糕解读导致了坏情绪的产生。

对话的过程类似和自己的一次“心理辩论”，需要我们通过回答下面几个问题来完成。

1. 刚才发生了什么事情?

例如:我给同事发信息,但是他很久没有回复我。

2. 这件事引发了我怎样的情绪?

情绪 >	难过	愤怒	焦虑	紧张	恐惧	其他
打分 >						

在0—100分的区间内,为你的情绪强度打分。

- 0分:完全没有这种情绪。
- 50分:感受到了这种情绪。
- 100分:强烈地感受到了这种情绪并严重影响到了我的状态。

3. 我对发生的事情是如何理解和推测的?

例如:我是不是什么时候得罪他了?

4. 这个解释有哪些地方不合理?

例如:我并没有得罪他的真实证据,他也没有对我表达过不满。

5. 可以替换的解释和预测方向是什么?

例如:他可能在忙,没时间回复我。即使我真的做了让他不满的事情也是可以沟通澄清的。

6. 我的新想法是正确的吗？有证据证明它的正确性吗？

例如：等他回复后才能知道真正发生了什么。如果确实有误会就去主动沟通，要是真诚的沟通都没用，那就不是我的问题了，我也没必要为此难过。

7. 我的新想法和预测得到印证了吗？结局怎么样？

例如：他打电话过来说自己一直在开会没看手机。我们也直接沟通了过去工作对接的问题，把一些可能产生误会的地方一一解释了。

8. 为我现在的情绪打分。

情绪 >	难过	愤怒	焦虑	紧张	恐惧	其他
打分 >						

在 0—100 分的区间内，为你的情绪强度打分。

· 0 分：完全没有这种情绪。

· 50 分：感受到了这种情绪。

· 100 分：强烈地感受到了这种情绪并严重影响到了我的状态。

（四）情绪是可以训练的

如上所述，影响情绪的可能不是现实中真实发生的事情，而是我们内心对事情的解读——只是一次“心理事件”。

可为什么会有这些心理事件呢？之前也提到了，我们的头脑让我们时时容易充满警惕，拥有“不安全感”是在原始社会中生存的必备技能。然而现在我们遇到的大多数事情都不构成生命威胁，脑中的错误信念却依然使我们产生了很多不必要的“备战情绪”，影响了我们的身体状态和生活质量。

以下就是一些比较常见的错误信念，在进行上一节的“心理辩论”时，我们可以将自己对事情的解读与此对照，以尽快识别我们脑中的“捣蛋鬼”，让自己的情绪不被直觉左右。

我们要学会辨别常见的错误信念——

过分夸大：

☆我做得不完美，我的人生完蛋了。

☆我一生就没有遇见过一件好的事情。

过度概括：

☆这次没做好，以后我再也做不好了。

☆这个人不喜欢我，世界上没有人会喜欢我了。

☆我失败了，我再也不会成功了。

非此即彼：

☆我要是不这么做，就彻底完蛋了。

☆我如果没成功，就一无所有了。

妄下结论：

☆他没回我微信，一定是我哪里得罪他了。

"义务性"描述：

☆这件事必须这样做。（这是我应该做的。我不得不这么做。）

☆这是我的义务，我必须把它做好，否则就完蛋了。

贴标签：

☆我有这个缺点，我没救了，注定是个失败者。

自责和责备别人：

☆事情发展到现在，一切都是我的问题，我真是个糟糕的人。

☆都是你的错，你是个不负责任的人。

☆你伤害了所有人，除了你别人都是无辜的。

绝对化：

☆这件事情绝对就是我说的这样，你不要解释了。

☆完蛋了，绝对完蛋了。

漠视积极面，信念消极：

☆未来没有一点儿好起来的可能。

☆生活毫无乐趣。

情绪化推理：

☆感觉好生气，我是个暴躁的浑蛋，再也不会有变好的那一天了。

上述所有的错误信念，大多源自三个最重要的"核心信念"：

我没有价值：

☆这件事情没有做好，我没做成过什么有价值的事情，我注定是个糟糕的人。

我不值得被爱：

☆我不会获得任何爱了，我不曾真正拥有爱，也不值得被爱。

我不能犯错：

☆我做得不好，我再也没有机会了，我的人生完蛋了。

这些错误的核心信念就像水面下巨大的冰山一样，潜移默化地决定了我们的无数判断、选择和身心状态，也在某种程度上决定着我们的命运。

而非常有趣的是，这些如此关键的信念可能都不是真实存在的，只是你通过过往经验给自己设定的框架和惯性思维。

若想要训练我们的情绪，最重要的就是能够辨别上述错误信念，意识到那些影响我们的往往并不是真实发生的事情。

\ 1 /
大脑的“自动导航”

训练情绪，首先要从对情绪的觉察开始。

道理都懂了，但做起来却不容易。因为大多数时候，即使知道要觉察自己的情绪，我们也总是觉察不到。

回忆一下我们状态不好的日子：

我们躺在床上责备自己没有意志力，明明还有好多事情没有做，却感到昏昏沉沉，既没力气起来做事，又焦虑得无法入睡，只好通过看视频和玩游戏转移注意力，试图让自己不再焦虑。这样玩到凌晨才睡，第二天醒来浑身疲惫并更加自责。大脑被内疚和焦虑占据，情绪低落，身体疲乏，进入了“什么都没做却累得要死”的恶性循环中。

在这种身心状态下，脑内分泌的神经递质会使你的情绪低落持续加剧并导致抑郁。有一种说法是：长期久坐不动，等同于服用慢性致郁药。

很多人肯定也经历过这样的日常：每天都非常忙碌非常疲惫，浏览非常多的资讯，有空就刷朋友圈、微博，生怕错过什么消息。然而，回忆起来却常常不记得看了什么或做了什么。

就这样，我们看似什么都没做，但实际上大脑一刻也没有停下来过。不要小瞧大脑，脑部运动并不比肢体运动节省消耗，甚至很多时候，大脑对精力的消耗要更多。

无意识的脑内运动就像是汽车的“自动导航”——你希望驾驶一辆车到达目的地，结果这辆车在你没有觉察的情况下开到了另外一个地方，油耗尽了，距离目的地也越来越远。这种情况只能徒增焦虑，也是我们“什么都没做却累得要死”时所体验的状态。

这种“自动导航”其实存在于每个人的头脑中，而此类思维就带来了那些未经我们觉察的情绪状态。大脑会按照思维惯性和核心信念自动加工我们看到、遇到的一切事情。

一种对大脑进行训练的方式就是“正念冥想”，它能够让我们逐渐掌握“觉察情绪”的能力。

\ 2 /
正念冥想

大脑闲不下来，你不去注意它，它便会进入“自动化思维”。

而“正念”就是对意识的觉知，可以让你意识到自己正在经历的体验，是个体有意识地把注意力维持在当前体验上的一种自我调节的方式。

“正念”源于佛教的禅修。西方心理学家和医学家将正念的概念和方法从佛教文化中提炼出来，剥离其宗教成分，发展出了多种以正念为基础的心理疗法。

现实的焦虑会造成这样的现象：我们做事情 A 的时候，脑子里想着事情 B，结果两件事情都没办法做好。就像同时听两首你非常喜欢的歌，再好听也一定听不下去。

但是现代生活的快节奏，导致我们习惯同时注意很多件事情，让大脑安静下来变成了非常难的事。这也是很多时候我们疲惫感的来源。

如果不加注意地同时处理很多事情，不仅会增加你完成每一件任务的时间，还会增加出错的概率。

正念便是针对这种情况提出的概念。

让大脑从“自动导航模式”进入到“觉察模式”，觉察到自己在想什么，这样才能将不必要的消耗减少，把注意力转移到重要的事情上去，也不会轻易陷入情绪的旋涡。

当然，这并不是一件容易的事情，甚至比训练你的肢体还要难一些。

训练正念需要通过正念禅修、正念冥想。提到禅修、冥想，很多人会想到这样的画面：一位穿着袍子、看起来很神秘的“大师”，带着一群修炼“身心灵”的学员盘腿打坐深呼吸。

有些人会对这种画面有条件反射似的抵触，觉得它有些“玄乎”。我最初对它的态度也是这样的——觉得它一点儿也不酷，而且不科学。

但其实禅修和冥想对大脑的影响是有科学依据的。经过科学研究证实，正念冥想能够改变大脑反应机制，以及我们的情绪和身心状态。它通过对注意力的训练，让我们从混乱的思绪中回到当下的现实里，直视自己的处境、情绪和问题，觉察到自己的情绪状态。正念冥想早已受到许多心理专家、艺术家、企业家的推崇，成为他们的习惯，并实实在在地改善着很多人的状态和生活。

\ 3 /
如何开始正念冥想

正念冥想是为了改善我们注意力过度分散的状态。所以，如果要开始正念，我们马上可以做的就是：把注意力聚焦到呼吸上。

开始正念冥想最简单的方式就是“数自己的呼吸”。

不需要借助任何技巧和引导，只需要像睡前数绵羊一样默默数着自己的呼吸。

呼气——1，吸气——2，呼气——3，吸气——4……以此类推。

不需要控制呼吸，次数也不用很多，如果能数到100，你就已经完成了一次简单且有效的正念训练。

你可以感受一下，特别是在情绪冲动或者焦虑的情况下，如果能坚持数100下呼吸，你就能够很明确地体会到身心的放松和情绪的舒缓了。

对于想要更全面地了解正念冥想的朋友，我推荐大家阅读《正念禅修——在喧嚣的世界中获取安宁》，你可以按照书中的步骤逐步训练自己对情绪的觉察。

《正念禅修》一书附赠了冥想的语音引导，在互联网和冥想类App上也可以找到这样的语音引导。如果你想要时间更长的、功能性的正念冥想，可以借助书籍或专业人士的引导录音来进行训练。

\ 4 /
如何在正念冥想之后进行认知调节

将正念冥想融入心理治疗的正念认知疗法（MBCT）被认为是对缓解抑郁状态非常有效的情绪治疗训练方法。

它的原理是：通过正念来提升训练者的觉察能力，使其能够及时觉察自己的感受和想法；之后针对自己的感受和想法，使用之前我们介绍过的情绪应对方法，重新理解自己的感受。通过正念冥想和针对情绪的认知技巧，正念认知疗法试图培养一种温和而不带评判色彩的对自己的理解和接纳。

希望系统了解正念认知疗法并自我训练的读者，推荐你阅读《八周正念之旅——摆脱抑郁与情绪压力》。

正念认知疗法针对不同情绪状态提供了不同的调节方法。

当你通过正念呼吸让情绪平复，并意识到自己当下的情绪状态之后，可以根据下面的提示，针对不同的情绪状态进行自我调节[1]：

针对抑郁

要回避让你痛苦的情境，把注意力集中到不令人痛苦的方面。

---

1 以下内容参考了《八周正念之旅——摆脱抑郁与情绪压力》中的相关知识。——作者注

严肃请求那些让你痛苦的人改变行为方式。和那些过于悲观或完美主义的想法进行心理辩论，让自己活跃一些，更擅长于寻求社会支持。

针对焦虑

要挑战那些杞人忧天的想法，实地进入令你害怕的情境以锻炼勇气，并运用之前提到的应对技巧减轻焦虑。

针对愤怒

要回避让你生气的情境，把注意力集中到不让你讨厌的方面。严肃请求那些惹你生气的人改变行为方式。自己也要学会退让一步，尝试换位思考。

\ 5 /
尊重自己的情绪，对自己的情绪负责

只要是人类，就难免会陷入情绪化的状态，这非常正常，我们都需要尊重自己的情绪。

当然，如果你很清楚自己正处于不好的情绪状态，除了需要获得身边人的理解外，也同样需要自己付出努力，对自己的情绪负责。

人们对“情绪化”的人常常抱有偏见，这很多时候与处于情绪旋涡中的人放弃自省、一味索取他人的支持和关注有关。

而当我们了解了情绪原理并学会了觉察自己的情绪之后，我们也会懂得如何在不与情绪对抗的同时，不被情绪控制。不被消极情绪控制和伤害，除了寻求周遭的理解，也需要我们自身的努力。

如果有太多激烈的情绪出现，需要发泄，一个很好的疏解方式就是写日记。

以打字或手写的方式把这些情绪记录下来，如果有条件也可以把自己想说的话录下来，这样既能避免迁怒于不相关的人，也方便我们使用前文提到的“合理情绪疗法”，在冷静之后对自己进行复盘和治疗。

如果没控制住情绪，向身边的人发泄了，一定要在情绪平复后道歉。讲清楚自己的情绪状态，寻求理解和原谅。

当然，道歉并不一定能够获得谅解，因为弥补成本非常高。成年人都需要对自己的行为负责，谁也不希望一个情绪崩溃的人莫名其妙地冲着自己说难听的话，再亲近的人也没有义务承担别人的任性。

当你产生失控情绪之后，可以按照下面的模板来记录当时的情绪变化，以这种方式来缓解杏仁核的充血。这个模板也附在“好心情测试本”中供你多次记录。

日期：

发生了什么事情：

我的感受是什么：

产生了什么情绪：

该用怎样的方式疏解：

（五）目标一：稳定情绪曲线，提升幸福基准线

\ 1 /
情绪曲线

情绪的波动是人类的日常，心情曲线总会有高峰和低谷，每个人都会经历高亢和低落，但不管怎样，情绪曲线都会围绕着一条基准线上下起伏。

从五大人格[1]的角度看，人格倾向中“神经质性”得分较高的人，也就是我们日常所说的天性敏感的人，围绕着基准线，情绪曲线的波动会比较大。

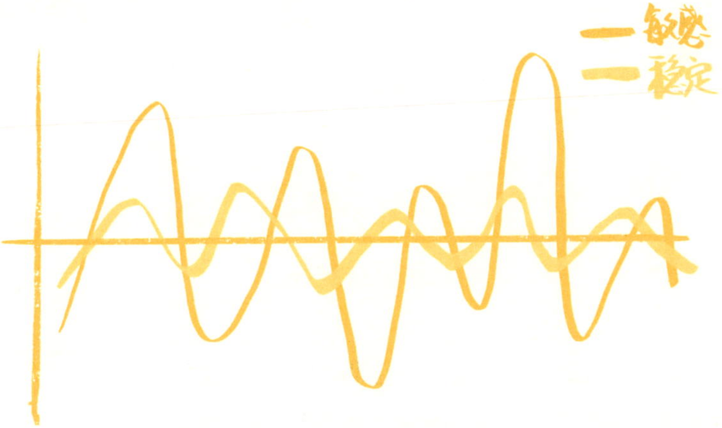

情绪敏感与稳定的人情绪波动曲线对比

1　五大人格包括开放性、责任心、外倾性、宜人性、神经质性五种特质，可以涵盖人格描述的所有方面。——编者注

这些人因为拥有更多的天赋和感受能力，更适合从事创意、表演、创作类工作，但有些时候，过大的情绪波动也容易使他们陷入情绪困扰，进入不健康的情绪状态中。

如上图所示，情绪无论是高亢还是低落，都会围绕着一条基本的准线波动。我们称这条准线为“幸福基准线”。

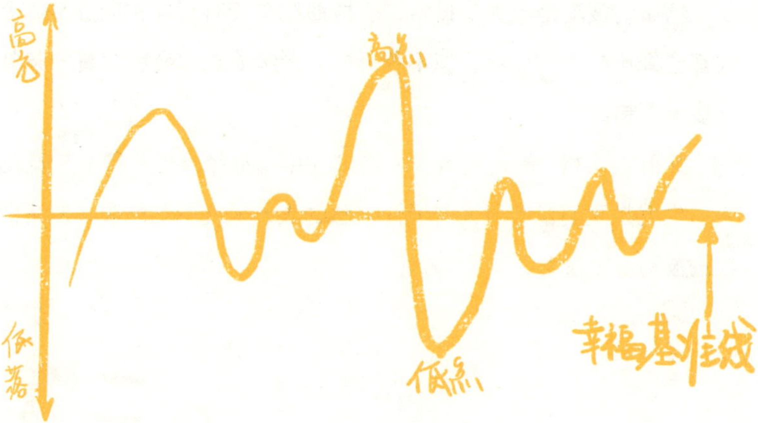

幸福基准线

\ 2 /

幸福基准线

有很多因素决定了这条基准线的水平。前文提到过，我们的幸福指数大约有 50% 取决于基因。有人生下来就拥有比其他人更多的快乐，他们的基准线更高。

天性乐观的人因为基准线比较高，所以即便是低落的情绪，有时也会高过忧郁之人的高涨情绪，这也解释了为什么乐观的人比较

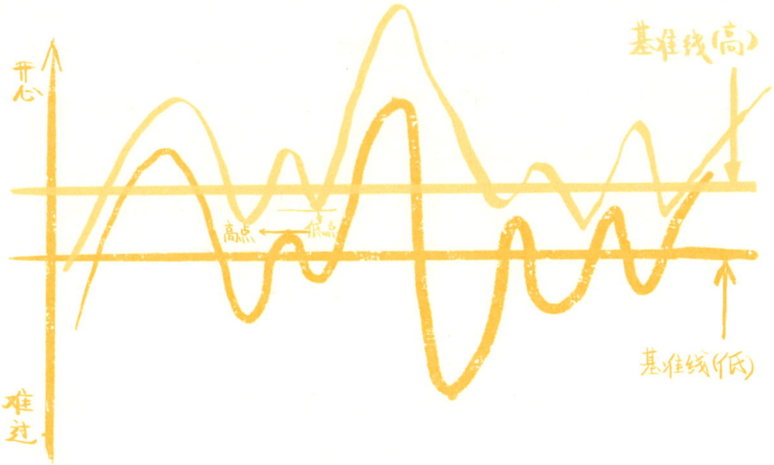

基准线高低区别

不容易陷入情绪的困扰。

想要获得持久的好心情，很重要的一件事就是“提升幸福基准线”。

基准线提升以后，即使情绪低落，也不会低到对自己造成伤害的程度。更高的幸福基准线，也会让我们更容易体验到快乐和精神饱满的状态，身心更积极，也因此更容易获得生活满意度和幸福感。

我们已经知道，可以通过对情绪的觉察和调整，不让情绪波动影响到我们的生活。我们可以通过 40% 的后天可调整活动，让自己的幸福基准线获得提升。

研究证明，人脑的思维定式是可以重塑的。也就是说，即使我们先天不是容易感受到快乐的人，后天的思维训练和行为训练依然有办法让我们建立稳定的积极心态。

我作为一个先天幸福基准线非常低、敏感脆弱的文艺创作者，经过学习和实践心理学知识，很明显地感受到了自己基准线的提高，以及情绪剧烈起伏次数的减少。

这并没有让我成为一个麻木的人，而是让我更准确地觉察到了自己情绪的变化，更好地与自己的情绪相处。敏感和忧郁依然存在，依然是重要的创作源泉，只是它们变得无害了。

更加了解自己的情绪之后，也就会更清楚该如何觉察和关注自己的敏感，将这部分性格作为优势运用到生活中，同时也更懂得该如何在情绪脆弱的时候接纳与安抚自己，如何用科学的方式去建立一种稳定而专注的状态，这对工作、对生活都很有帮助。

这也是本书追求的第一个目标：

稳定情绪曲线，提升幸福基准线。

即使基因决定了一些事情，但我们最终能够成为一个怎样的人，还是可以由自己的行为和选择说了算的。

请试着用下面的方式来粗略记录一下自己的日常情绪状态，画出一条你在这一阶段的情绪曲线，用这种方式找到你所处的位置。

每天中午和临睡前，回顾一下在这个“半天”中你所经历的情绪感受。当你体会到下表中的情绪，就请在该情绪的选项上做标记，最后算一下得分。

我来做一个示范：

日期：2019 年 9 月 28 日— 9 月 30 日

中午

加分项（+1）	第一天	第二天	第三天
我特别愉快	√	√	
我非常专注	√	√	
我发自内心地笑		√	
我感受到爱与关心			
我喜欢自己的生活	√	√	
共计得分	3	4	0

减分项（-1）	第一天	第二天	第三天
我非常疲惫			√
我有些焦虑	√		
我感受到压力			√
我情绪非常低落			
生活没有有趣的事			
共计得分	-1	0	-2

	第一天	第二天	第三天
总分 >	2	4	-2

临睡前

加分项（+1）	第一天	第二天	第三天
我特别愉快		√	
我非常专注		√	
我发自内心地笑	√	√	
我感受到爱与关心	√		√
我喜欢自己的生活			
共计得分	2	3	1

减分项（-1）	第一天	第二天	第三天
我非常疲惫	√		√
我有些焦虑	√		
我感受到压力	√		
我情绪非常低落			
生活没有有趣的事			
共计得分	-3	0	-1

	第一天	第二天	第三天
总分 >	-1	3	0

为避免步骤繁复，我在这里简化了记录的内容和次数。

其实，不同时间段的情绪状态往往不同，大家对情绪的记忆也容易有误差。每天记录多次、延长记录时间会让数据更有参考价值。

你可以像我一样，分别在中午和晚上睡前记录，每天两次。一旦掌握了这个方法，我建议你每隔一段时间就记录一下自己的情绪，以方便了解自己的状态。

这种极简的计分方式只是帮助你大概测试一下你在一小段时间里的情绪状态，并不是严谨的、有医学参考价值的计分，但它能够帮助你接近自己当下的状态，觉察到自己此刻的变化。

记录完之后，把你的得分标注在下面的坐标轴中，坚持三天，将它们连接成“情绪曲线”，然后大概取中段位置画出一条直线——这就是你当前的情绪水平线，我们暂且称之为“短时幸福基准线”。

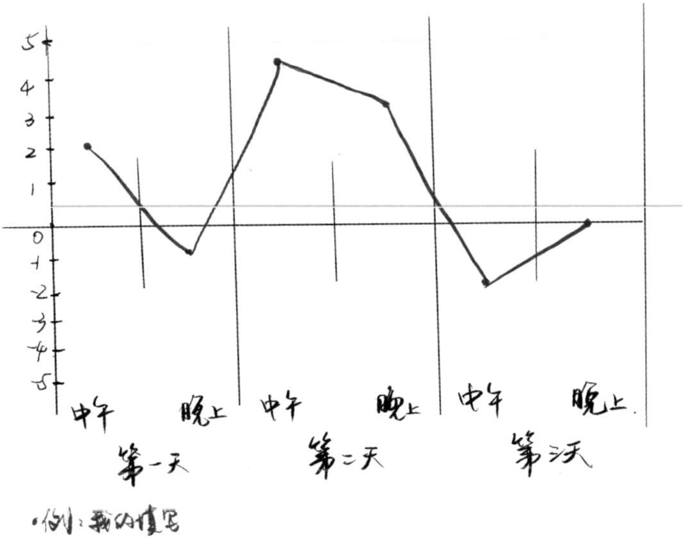

三天的记录之后，我们可以回忆一下，哪些事情引发了好的情绪？哪些状况引发了坏的情绪？让那些制造积极情绪的事情多发生，并尽量避免那些会引发消极情绪的事情。

至于“长时幸福基准线”，则和我们的生活满意度相关。

下面是一份简单的生活满意度问卷，你可以在这里做完它，把分数记录下来，这就是你目前对生活的幸福感知指数。

在阅读完全书之后，你可以重新标记自己三天的情绪曲线，并再做一遍生活满意度问卷，验证一下自己是否通过旅程获得了成长。

生活满意度问卷：幸福基准线得分

分数说明

0 分：非常不同意；1 分：不同意；2 分：不确定；3 分：同意；4 分：非常同意。

1. 我对我的生活非常满意。

打分 > 0 1 2 3 4

2. 我感到非常幸福。

打分 > 0 1 2 3 4

3. 我拥有了我想要的生活。

打分 > 0 1 2 3 4

4. 我感到非常快乐。

打分 > 0 1 2 3 4

5. 我对自己非常自信。

打分 > 0 1 2 3 4

6. 我对未来充满信心。

打分 > 0 1 2 3 4

7. 我一点都不想改变我的现状。

打分 > 0 1 2 3 4

8. 我能够专注、高效地做事情。

打分 > 0 1 2 3 4

9. 我的生活充满了意义和成就感。

打分 > 0 1 2 3 4

10. 我身心都非常健康。

打分 > 0 1 2 3 4

将各项分数加在一起。我此刻的幸福基准线得分是 ____________。

以上几个图表都将在测试本中再次出现，供你读完本书后再做测试，验证自己的改变。

重要提醒

对阅读到这一页的你来说，很重要的一件事就是，千万不要被“追求开心”的目标绑架，被“没有成功获得开心”的沮丧包围。不要被“迫切想要获得好心情”的念头影响了心情。

我们所希望的是成为一个开心的人，但这不是一件一蹴而就的事情，人本身就容易有很多情绪起落。

要看到自己正在一点一滴地变好，也要清楚自己并不可能一下子成为一个情绪高涨的人。要允许自己不完美，允许一切状态上的“不好”存在。

我们要训练的是对所有状态（无论好坏）的觉察能力，正视它们的存在，更好地在生活中应对它们。不要被它们控制，也不要试图控制它们。这很重要。

· 本章总结 ·

致我们的消极情绪

分析消极情绪的原理和存在的意义，学会试着去理解消极情绪，与之共处，而不是通过逃避和压抑导致情绪失控或身心伤害。

让我们“持续开心”的到底是什么

了解“持久的好心情”由哪些重要因素组成，这些因素中又有哪些是可以通过后天的努力去改变的。了解那些可以帮助我们增加愉悦感、建立好心情的因素。

如何应对“不开心”

面对突如其来的消极情绪，我们该使用哪些有效的方法应对？那些用于自助的心理学干预手段该如何应用于我们的生活？

情绪是可以训练的

介绍了一种心智上的健身方式——正念冥想。通过日常的训练，我们可以培养对自己情绪和思维的觉察能力，获得应对情绪的更好方法，减少巨大的情绪波动对我们生活的冲击和伤害。

目标一：稳定情绪曲线，提升幸福基准线

本书的第一个目标：稳定情绪曲线，提升幸福基准线。通过对自己情绪的记录，来区分生活中那些会影响我们建立积极状态的事情；通过画出情绪曲线、完成生活满意度问卷，了解自己此刻的“幸福基准线”。

世间万物在生长　山海徜徉
周边人群皆沉默　你想歌唱
若有愚人掀浪　而你孤舟独桨
无须失望　暗海并行有微光
每一秒　都是变换的千金一刻
前方有万种洒脱　欢庆生活
不停滞于无谓曲折
黑夜中　远空有星辰为你闪烁
命运有不速之客　你神色自若
随他吧其奈你何

——《一万种洒脱》

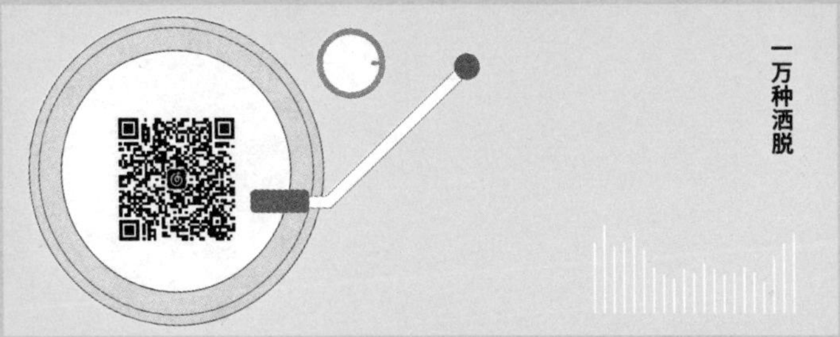

第三章

途中：了解自己是最重要的事

（一）一小时自我了解

重新认识你选择的角色。

在游戏的初始我们都会选择角色：他擅长远距离攻击还是近身肉搏？擅长“念攻”还是“物攻”？有哪些大招？会哪些绝杀？又有哪些硬伤？

现实其实也一样。虽然我们面对的是自己，但是大多数人都远远没有自己想象的那么了解自身现状。

你擅长什么？渴望什么？哪些事情能让你真正开心？你如何做出了选择，并一步步变成今天的自己？

你身边拥有哪些可以协助你实现愿望的条件？有哪些只需要很小的勇气就可以修复的关系和遗憾？而你为什么又没有行动？

当你能够试着真正去了解自己，发掘自己的潜能和资源，找到热爱并培养相应的技能，你就会突然发现自己似乎获得了新生。

那种感觉就像是：原来我也拥有重新选择角色的机会！

所以，就让我们对这个游戏角色——你自己，进行全新的认识与了解吧！

\ 1 /
了解你的“优势”

了解你的优势非常重要，这就等于找到了你的武器；看到你的弱点也很重要，你可以更清楚地知道该如何自我调适、做出必要的防御。当我们把力量集中用到优势部分，可以更快速地看到成效；至于劣势的部分，则可以降低预期，更好地自我接纳并减轻挫败感。

打个比方，假如你是一名运动员，当你清楚地知道练习 110 米跨栏能让你迅速超越很多人，而练习举重则没有什么优势时，你自然会更懂得该如何做出选择：如果你天性追求卓越，那一定会毫不犹豫地去练习跨栏；同时，你知道举重不能迅速给你带来荣誉与成就感，如果确实喜欢，也可以放低要求，先把它当作一个兴趣爱好来对待。这些了解有利于你更好地做出选择，找到适合自己的兴趣、热爱和方向。

实际上，每个人都是某个领域的专家。你可能对星座很有研究，可能在做工作简报时比同事的思路更清晰，也许你很擅长调试路由器，或是对你家附近超级好吃的馆子如数家珍。

要知道，我们所拥有的“优势”不一定能换来诺贝尔奖，但一定可以在某个微小的层面提升我们和身边人的生活质量。它也许会在不经意间为你赢来一个工作机会或一段美好的关系，也有可能在一些关键时刻决定你的人生选择。

同时，每个对你来说微小却有效的优势，只有通过真正的行动上的积累，才有可能发展成拥有重大创造力的日常。或许在爱迪生发明电灯前的数百次失败中，身边的人只觉得他是个喜欢做手上的疯子，但这几百次行动的积累，却改变了人类文明的走向。

了解自己的优势，对于追求卓越和随性而为的人来说，都是保持好心情的办法。

该怎样去了解“自己”这个角色的优势呢？

这里给大家推荐积极心理学经典的 VIA（行为价值观）测试——“24 种人格力量问卷”。

你可以搜索“VIA 测试”进行自测，或进入以下网页：viacharacter.org[1]

马丁·塞利格曼《真实的幸福》一书中也有类似的测试。

答完问卷后，请把你的前五个优势写下来，并对每一个优势所对应的兴趣做出分析，比如我的：

优势	感兴趣的事
学习能力	音乐训练、写作训练、知识和能力的拓展
判断力	学习过程中的思辨和对知识的构架
好奇心	扩展视野、体验更多的生活经历
欣赏美与卓越	审美能力的扩展与提升
创意	将审美和认知转化为创意和创作

1　这是 VIA 性格优势调查官网主页。——作者注

然后安静下来，对 VIA 问卷以及有关“优势”的分析，做出梳理总结：

①我的前五个优势，哪些可以和我现在的学习或工作更好地结合？

创意、喜爱学习、欣赏美与卓越。

②以首要优势为基础，思考我最期待成为一个怎样的人。

通过对新鲜事物的学习和了解，对技能的熟练掌握，成为一个综合能力稳定的创作者。

③如何在现实中使用或训练我的优势？

将学习变成习惯，把我对世界的好奇、欣赏转化成创意和作品，保证对等的“输入”和“输出”。

④还有哪些人格优势是目前对我来说最薄弱的？

统率和团队精神是我最欠缺的。在与人合作的部分，我的能力还比较薄弱。我会暂时避免选择以这些优势为主要需求的工作，也会慢慢挑战自己的薄弱，不让自己的欠缺影响工作、社交和生活。

①我的前五个优势，哪些可以和我现在的学习或工作更好地结合？

②以首要优势为基础，思考我最期待成为一个怎样的人。

③如何在现实中使用或训练我的优势？

④还有哪些人格优势是目前对我来说最薄弱的？

重要提醒

优势是会发生变化的

人是会持续成长和蜕变的，环境和工作、生活的变化也会让你发掘出不同的潜能。优势是会发生阶段性变化的，定期重新测试一下自己的优势，针对当下的环境去改变自己的策略，才能让优势更好地在现实中发挥作用。

只有把优势变成能力，它才算是真实存在的优势

只有把优势变成习惯，把习惯变成你的一技之长，你的优势才能真正发挥出它的效果。如果你的优势只是问卷中的一个答案，没有演化成现实中切实的能力，那无论它有多强大，也都只是一个幻觉。

\ 2 /

了解你的“价值观”

人与人是不同的，最容易引发冲突的一个因素就是：我们渴望别人与自己相同。大多数人倾向于先纠正别人，后反思自己。

没有两片完全相同的叶子，世界的有趣和丰富也源于各不相同的人事物，就像罗素曾说的：“参差多态乃幸福本源。”

与其要求别人和自己“三观一致”，不如尽可能探索自己多样的可能性，找到自己的独特性。在我看来，只要不害己、不害人，任何观点和个人选择都是被允许的。比盲目要求别人更重要的是持续了解自己的价值观。

“价值观”乍听起来是个距离现实生活非常遥远的词，严肃到让人敬而远之，加上“三观”一词被过度滥用，很多人看到它都会条件反射般地排斥。我有一段时间也是这样，会觉得：“我只想开心而已，并不想研究什么三观，太沉重了！”

但实际上，价值观是和你的生活密不可分的东西，它几乎默默地决定了你的一切选择、行为和好恶。

生活中我们做大多数事情时，都没办法像打游戏一样非常及时地收到反馈、看到效果。通常越重要的事情越困难，回报也越不明显，坚持也变得越难。

这个时候能够促使我们坚持下去的就是做事的动机，是一种对结果的信念——相信这件事情会在未来的某一天给予我们好的反馈。即使没有达到预期，过程中的收获也是我们真心享受的。

价值观决定了我们愿意去坚持哪些事情，不愿意去坚持哪些事情。它让我们更坚定。

研究价值观，也是在向内挖掘你的核心信念。前文中，我们提到潜意识里的“核心信念”常常决定了我们对事情的解读和对信息的处理。所以，了解自己的价值观、核心信念，才能更了解自己做事的出发点和原始动机。

我们的行为只是水面之上的冰山一角，决定我们行为的“观念”则是水面之下庞大的冰山——强大的个人信念和逻辑。即使你是个极其感性的人，大脑和身体依然会按照严密的自有逻辑运行。我们很多直觉上的判断和选择，都取决于内心深处的核心动机。这些核心动机和信念通过大脑和身体的自动加工，决定了我们的行为。

有很多天才的喜剧大师，台上非常搞笑，现实中却是极度忧郁的人，因为他们的核心动机是：“开心太难了，太重要了，我需要投入全部的精力去制造快乐。”也正是这种异于常人的强烈动机，使他们不知疲惫地探索和创造着欢乐，因此获得了卓越的成就。

而对于很多先天乐观的人来说，“开心”这件事就像空气一样随处可得，他们不会挖空心思去研究开心的原理和欢乐的制造方式，自然也很难在这个领域投入持久的专注与热情。

也就是说，我们很多表面上的行为和选择，其实都源于我们内在的价值和需求。如果我们能对自己更了解一些，对自己的价值取向把握得更准确一些，那就像在玩游戏时更了解角色的“大招”与绝技，会让我们在现实挑战里更清楚做哪些选择容易开心，同时避免在那些可能严重伤害我们的人和事情上做太多投入。

这里为大家介绍“罗克奇价值观调查表”[1]。

罗克奇价值观调查表将价值分为两大类：

终极性价值观，指你最希望实现的状态或目标，比如舒适、安全、自由、幸福、内心和谐；**工具性价值观**，指你期待实现目标的方式和手段，比如自律、责任、勇气。

请将第 76 页表中的价值按照你心中的重要程度重新排序，将最重要的排在第一位，依次排布，最不重要的排在末尾。

罗克奇价值观排序在不同的人群中有很大的差异。职业喜好类似的人往往拥有相似的价值观，曾有研究比较了公司经营者、工会成员和社区工作者的价值观排序，结果表明三者之间存在显著差异：

经营者		工会成员		社区工作者	
终极性价值观	工具性价值观	终极性价值观	工具性价值观	终极性价值观	工具性价值观
①自尊	①正直	①家庭安全	①负责	①平等	①正直
②家庭安全	②负责	②自由	②正直	②和平的世界	②助人为乐
③自由	③能干	③快乐	③勇气	③家庭安全	③勇敢
④成就感	④雄心勃勃	④自尊	④独立	④自尊	④负责
⑤快乐	⑤独立	⑤成熟的爱	⑤能干	⑤自由	⑤能干

为什么价值观很重要？

因为它直接决定了你能否在一件事情上长期投入与坚持。

价值观就是我们的导航系统，它不是一成不变的，我们得时常检查一下自己正身处哪里，想要去向哪里。如果你喜欢原地打转，

1　罗克奇价值观调查表（Rokeach Values Survey）是一种国际上广泛使用的价值观问卷。它的核心理论是，各种价值观是按一定的逻辑意义联结在一起的，它们按一定的结构层次或重要程度而存在。——作者注

终极性价值观（你最希望实现的目标）	工具性价值观（通过什么来实现目标）
舒适的生活（富足的生活）	雄心勃勃（辛勤工作、奋发向上）
振奋的生活（刺激、积极的生活）	心胸开阔（开放）
成就感（持续的贡献）	能干（有能力、有效率）
和平的世界（没有冲突和战争）	欢乐（轻松愉快）
美丽的世界（艺术和自然的美）	清洁（卫生、整洁）
平等（兄弟情谊、机会均等）	勇敢（坚持自己的信仰）
家庭安全（照顾自己所爱的人）	宽容 （谅解他人）
自由（独立、自主的选择）	助人为乐（为他人的福利工作）
幸福（满足）	正直（真挚、诚实）
内在和谐（没有内心冲突）	富于想象（大胆、有创造性）
成熟的爱（性和精神上的亲密）	独立（自力更生、自给自足）
国家的安全（免遭攻击）	智慧（有知识、善思考）
快乐（愉悦、休闲的生活）	符合逻辑（理性的）
拯救灵魂（救世的、永恒的生活）	博爱（温情、温柔的）
自尊（自重）	顺从（有责任感、尊重的）
社会承认（尊重、赞赏）	礼貌（有礼的、性情好）
真挚的友谊（亲密关系）	负责（可靠的）
睿智（对生活有成熟的理解）	自我控制（自律的、约束的）

终极性价值观（你最希望实现的目标） 工具性价值观（通过什么来实现目标）

那就愉悦地原地打转，不要一边焦虑地原地打转，一边羡慕别人去了远方。如果不断地模仿别人，遵从别人的标准，就只能看着别人的“导航”，过自己不擅长也不热爱的人生。

当然，像仓鼠一样不断在圆盘里奔跑也是一种生活方式，大多数人的工作和日常都在经历着这种单调的重复。我只是希望看了这本书的你，能试着从圆盘上下来，尝试些更有趣的选择。

梳理时刻

- 我的前五个终极性价值观是什么？

- 我的前五个工具性价值观是什么？

- 哪些事情会最大限度激发我的积极性？

- 按照我对自己的了解，从我的价值观排序里可否总结出我的“初心”是什么？我的“原始动力”是什么？

- 我打算如何将上述价值观融入我的生活？

延伸阅读

我的价值观梳理

随着境遇的变化，自己的成长，旅程的展开，我们总会不断地变化、革新，产生新的喜好，拥有新的定位。为了搞清楚此刻的定位，我常常会追问自己一些关键问题：

☆你想要过怎样的生活？

☆哪些事情能令你由衷地开心？

☆哪些事情是真正对你重要的？

同样，我也会比较自己之前整理的价值观来审视初心，让自己不要无意识地偏离航道，做一些违背意愿的事情。

总体而言，目前我对生活有这样几个终极追求：**快乐，美，爱，自由，存在感**。

快乐：保留每一次经历中开心的记忆，淡忘不开心的。

美：尽量在视野范围内捕捉美好的景象，多让符合自己审美的事物出现在视线里。

爱：人与人之间对彼此感受的尊重与在乎。

自由：有自由选择的权利，也有承担后果的能力。

存在感：被看到，被需要，被在意。

这里分享一首我的歌《笃信》，它描述了我想象中“有清晰价值观”的生活状态。

狂风吹不散　巨浪中沉稳之舵

人多难免偏颇　顾好你本真原则

借我一星火　守护那泰然自若

闲人偏爱揣测　神灵自明鉴清浊

你别说　我懂得　你我皆凡人　世间起落

求不得　万全之策　无畏的舍　换清醒自得

不在乎太多得到的欢畅和失去的落寞

我知我喜乐　纵情跋涉　有我应得结果

不想要太多浮夸的生活和盲从的飞蛾

我有我选择　有人懂得

何须全世界认可

喧嚣中沉默　怀疑中精诚细作

我示人以明澈　也可以斩妖除魔

莫浪费口舌　纠缠于错觉不舍

安住心口温热　得道者志同道合

你别说　我懂得　你我皆凡人　世间起落

欲乱处　迷途太多　撕裂的舍　换清醒自得

不在乎太多得到的欢畅和失去的落寞

我知我喜乐　纵情跋涉自有我应得结果

不想要太多浮夸的生活和盲从的飞蛾

我有我选择　有你懂得

何须全世界认可

啊　是谁在呼喊　是谁在召唤

而你在哪里

不在乎太多得到的欢畅和失去的落寞

我知我喜乐　纵情跋涉　自有我应得结果

不想要太多浮夸的生活和盲从的飞蛾

我有我选择　有你懂得

何须全世界认可

借我一星火　守护那泰然自若

人多难免偏颇　我有我自在洒脱

\ 3 /

找到你的“最低安全阈值”

实际上，大多数生活中的慌乱感都来自“没有安全感”的恐惧。

上一章中我们讲到，对周遭充满警惕是动物的本能，这样才能在危机四伏的自然环境中生存下来，这种本能在我们身上延续至今。

了解了这个原理，可以减少莫名的恐惧和灾难性思维，从而有效减少消极情绪，但现实中的“不安全”并不是简单的思维转变就可以改善的，它直接关系到我们生活的方方面面，关系到我们的人生走向。

大多数人无法活在绝对的从容之中，关于未来的未知和不确定始终影响着每个人的生活状态。

那么，那些面对未知和风险依然可以从容笃定、自在生活的人是如何获得行动的勇气的呢？他们的安全感来自哪里？

有一个方法，可以帮助我们变得更从容，那就是找到你自己的“最低安全阈值”。

“阈值”是一个临界值，对每个人来说，都有一个大概的最低标准值，在此之上能够保证生存，在此之下则面临生存的风险。

对于不同的人而言，“生存”的标准也不同，这与成长环境、价值观、性格和思维方式都有关系。

有很多盲目焦虑的人从未考虑过自己的“最低阈值”，就像被恐惧支配的小鹿，在衣食无忧的环境里也活得不满而紧张。有些人将阈值定得过高，即使有很高的收入和资产也始终在惴惴不安中度日。有些人的阈值来自社会给予的统一标准，比如“有车有房”，可能会为了达到这个阈值付出一生的时间和精力，放弃其他追求，目标却最终都无法实现。当然，也有一些啃老族，生来就拥有了很低的安全阈值，终日宅在家享乐、混吃等死。

如何定义自己的“最低安全阈值”，直接决定了一个人的心态、状态和生活追求。

前文中关于“价值观”的思考，使我们重新审视了自己的价值取向。我们可以在此基础上，去描述一下自己的“最低安全阈值”。

回答下面的问题，可以帮助你找到自己的安全阈值，建立一个“风险防空洞”。这个“防空洞”是你挫败时可以保全生命的安全地带，也是勇士出征的大本营、大后方。为自己建立一个可以协调内心与现实的风险防空洞，就可以踏实地展开无畏的旅程了。

①如果突逢变故、遭遇破产，你的最低物质需求是什么？

②你现在是否已具备所需？没有的话还需要在哪些地方努力？

③能够让你从零开始，重新找到机会的能力和优势有哪些？

④你的身体状况能否应对新的机会和挑战？有没有为重大的风险预备保障？

⑤有哪些可以为你提供帮助的外部支持和资源？

⑥如果想过上那种能做热爱之事、拥有自由选择权利的生活，你还需要哪些具体的现实保障？这些保障都是必需的吗？

根据自己的现状逐一回答上述问题，你可以更清楚地看到自己已有的东西、欠缺的东西，也能为自己建立切实的安全感和“后方阵地”。

了解和确立“最低安全阈值”，最大的好处就是可以让自己不再陷入盲目的焦虑和紧张中。它会使人变得更有勇气。

当我面对一件事情却不敢去做的时候，我常常会问自己一句话：“这样做最坏的结果是什么？”如果结果是可以承受的，如果失败不至于让自己彻底倒下，那就可以试着去做。

行走于人世间，再谨慎都始终会遇到风险。你当然可以为了避免风险只做重复而熟悉的事情，只要临终时回望一生不要感到遗憾就好。

否则，就为自己确立一个合理的安全阈值，然后跳出现实的束缚去闯一闯。

不要让自己的一生活得像一只在圆盘上疯狂奔跑的小仓鼠，多做一些选择，勇敢尝试。每一次主动选择的道路上都有值得留念的好风景，这比始终在原地奔波有趣多了。

\ 4 /
通过“生活棋盘”寻找重点

我们的终极目标是创造一种丰茂的、有稳定喜悦的幸福生活，但丰茂的人生要顾及太多方面，在精力有限、工作忙碌的现状下，最好的方式是先朝一个具体方向展开行动。我们不可能一下子铲掉整座大山，但当一处边角开始松动，联动的力量就会慢慢让整座大山崩塌。所以，就让我们从山脚开始行动吧。

“生活棋盘”就可以帮助我们寻找这个“边角”。

棋盘中，每个方格代表一个生活的领域。现在，请在每个大格子里，用几个关键词列出你认为这个领域中最重要、最有意义的事物，你想要获得的目标，你最想做的事。如果这个格子和你并不相关，没关系，先空着不填；如果在填写过程中遇到了障碍，先跳过去，等想好后再填。部分格子甚至所有格子里都可以出现同样的词。

接下来，在每个大格子右上角的小格子里，用 0—10 之间的一个数字来表示这个领域在你生命中的重要程度（0 表示完全不重要，10 表示非常重要）。

最后，在每个大格子右下角的小格子里，用 0—10 之间的一个数字来表示你遵照格子里价值方向生活的程度（0 表示一点也没有，10 表示完全遵照了）。

现在仔细看看你填写的内容，它会告诉你：你生活中最重要的是什么，你正在忽视什么。

梳理时刻

关于生活罗盘，请你在这里写下梳理总结：

- 我生活中最重要的是什么？

- 我现在正在忽视的是什么？

（二）目标二：成为一个“自得其乐”的人

\ 1 /
什么是“自得其乐”的人

获得好心情很重要的一点是，不要把自己的标准建立在别人的评价之上。我们需要建立自己独有的喜好和审美，拥有自己真正感兴趣的，并能够熟练掌握的技能。

在《心流》一书中，米哈里·契克森米哈赖将这种性格称为“自得其乐的性格”，它的特点是：

☆ 有目标和方向感。

☆ 能找到足够的乐趣和精神能量。

☆ 在出现问题时可对周遭的环境做客观的分析与观察，并从中找到新的行动方案。

☆ 比较有弹性，不易碎。

☆ 比较容易集中精神。

☆ 不过分“自我中心”。

拥有自得其乐性格的人，可以最大限度地在平淡中寻找乐趣。他们很善于把平淡的日常转变成对自己有意义的挑战和游戏，同时，也很善于在不如意的客观条件下找到办法，把被动的难题转变成可以控制的主动行为。

这是我们需要通过积极情绪去建立的一种性格状态，也是本书追求的第二个目标。

我们大多数的不开心，都是由于过分在意别人的感受。比如以下几种想法，都是从别人的感受出发进行思考的：

☆ 我使用价格超出了自己承受范围的奢侈品，并不是因为它使用起来舒服，而是因为它会让别人羡慕，从而让我获得更多尊重。

☆ 我想减肥，我想变美，因为别人说我太丑。

☆ 我要过上让别人嫉妒的人生。

☆ 我要成功，要让瞧不起我的人都对我刮目相看。

实际上，上述所有的想法，都有它们正向的推动力，都在某种意义上引导了我们成为更好的人，但正如一句名言所说："人的一切痛苦，本质上都是对自己无能的愤怒"，上述那些想法的落脚点，大多数都是我们即使加倍努力也无法控制的因素。这也是为什么那些想法会令我们不开心：奢侈品可以买到，但能不能换来别人的尊重我们却无法控制；减肥可以成功，但能不能让那些曾说你丑的人称赞你，我们无法控制；成就可以获得，但能不能因此让讨厌你的人对你刮目相看，我们同样无法控制。别人的感受是我们无法左右的，以此为目标去追逐，最终只会感到无能为力和失落。

我本人就是一个很好的案例。

作为一个新闻学专业出身的音乐人，我进入大众视野的时候并没有足够专业的音乐素养。很多人骂我的作品业余、简单，我为了取悦这些人开始排斥最初的自己，花费了很多时间去尝试复杂的东西。后来，我发现，依然还是这些人，开始说我晦涩难懂。

这时我才明白，我被"别人的感受"左右了。我不仅丢了最珍贵的特质，还忽视了由衷欣赏我的人。

取悦别人很难得偿所愿，不喜欢你的人很难由衷地欣赏你，而喜欢你的人则不需要费力取悦，他们天然地期待与你一起变得更好。

实际上，过分关注别人的看法，从另一个角度来讲，就是过分地自我关注。我们误认为别人时刻都在关注、评价着我们，因此才会将他人的评价当作决定自己行动的标准。然而，别人并没有时刻都在关注我们，别人的评价也并不能左右我们的生活和乐趣。乐趣的获得需要从自己的标准出发，建立自己的喜好，而非以别人的评价和目光为准。

我写过一首歌，恰好描述了这种“自得其乐”的性格状态，歌名是《未来俱乐部》。

随意吧尽管评说　这世界不属于围观者
我愿意拼死抢夺　不把它让给我鄙视的家伙
怕什么就做什么　冲出局限是最高道德
我用我信仰原则　挑战潜藏的规则

欢笑吧　释放吧　失败是个笑话
尽情高兴吧　放纵吧
随时意气风发　独自声势浩大

出发吧　奔跑吧　悲喜一念之差
生命中喜悦多么难得
不要妨碍我自得其乐

就让我自由选择　我愿意自己承担后果
经得过赴汤蹈火　才会懂得欣赏那波澜壮阔
不安者见风使舵　磊落者不怕夜长梦多
悠然时闲云野鹤　无畏时螳臂当车

欢笑吧　释放吧　失败是个笑话
尽情高兴吧　放纵吧
随时意气风发　独自声势浩大

出发吧　奔跑吧　悲喜一念之差

生命中喜悦多么难得

不要妨碍我自得其乐

\ 2 /
成为自己：成为自得其乐的人

曾有一位工作伙伴给我留下了很深刻的印象。他非常专业，执行能力很强，对于很多事情的处理方式都让我由衷地感到佩服。在收工之后，我很开心地向他道谢："这次太棒了，辛苦啦，相信我们都会越来越好的。"

"真的羡慕你，还会对未来有所期待，我已经对未来没什么期待了。我不相信自己会更好，做出再多努力都没什么用，生活始终是这个样子，没办法改变。"他低着头说。

那时候我还很年轻，一时间不知道该怎么回应，只是条件反射地说："你别这么讲呀。"

他抬起头，意味深长地看着我说："总有一天你会懂。"

在这个抑郁状态越来越普遍的时代，自得其乐的性格太重要了。

抑郁来自乏味和麻木，而当下日常的娱乐太容易获得，这使得我们很容易就失去了被娱乐刺激的兴奋，又没有太多机会和时间去尝试新鲜的刺激，久而久之，生活中的乏味和无聊便时常冲击着我们。

现在的我已不再是当年未经世事的样子了。我的生活经历了很多起伏，重复的日常也给心灵带来了疲惫与冲击。有些时候事情陷入胶着，也常常会有庞大的无力感。

有时想起那个人，我也不禁会想：那“总有一天”是否到来了？

然而始终没有，“已经对未来没什么期待”的瞬间一直没有出现过。

不管现实中面临着怎样的问题，我始终能从困境中找到行动的出口。如果一件事情搞不定，总有那么多其他的事情可以点亮我的愉悦、重燃我脑中的火焰。如果所做的事情很困难，只需要回望初心，回想自己最初选择这件事时的愉悦和无畏，找回当时的感觉和力量，让自己的心再大一点、皮实一点。

这就是培养“自得其乐”性格的方法——树立切实可行的目标，随时总结收获，热衷于解决问题，在克服逆境和享受顺境的过程中都能体验到愉悦。

这些事情、这些行动，是我们之前在探讨目标、价值观的过程中积累的行动锦囊。在迷茫的时候，它们是工具，是通道，是暗海里的光，会在孤单无力时让我们看清楚方向。

能够建立这样的性格，就能够获得我们渴望拥有的“稳定的快乐”。

让我们在不断的训练和认知重建的过程中，变成一个以“追求乐趣”为动机做事的人，从很多别人认为枯燥的事情里发现快乐。

（三）定期回望自己

实现目标的关键就是要用“适合的方法”，以“愉悦的状态”做“擅长的事情”。

“适合的方法”关乎我们的价值观。

“擅长的事情”关乎我们的优势。

“愉悦的状态”则是指我们自得其乐的性格。

当然，人的认知一定会随着经历、学识和眼界发生变化，擅长与优势也都可以自主培养与塑造。所以，我们需要定期回头审视一下自己。

如果你的生活频繁发生变动，你的性格、认知也一定会随着环境发生巨大的变化。没有人是一成不变的。就像旅途中的人一样，我们要随时拿出指南针，不断明确自己的位置和目的地。

下面这份问卷，就是要帮助你更清楚地了解自己的位置，只有这样才能脚踏实地地出发。

正在回看过去的你——

①是否正在生活中发挥着自己的优势？

②是在践行还是违背了自己的价值观？

③是否改变了初心？

④是否有了认知上的巨大改变？

⑤是否体验了更丰富的生活？

生活中大多数的选择皆有利弊，很难取舍，最好的判断依据就是对自己的了解。建立好心情的关键就是尽可能了解自己，然后"尊重自己的感受"。

我们的快乐不需要向任何人证明，只要自己的内心能够真正感受到，那就是真实的快乐。

所以我们需要通过分析自己的优势、梳理自己的价值观，来试图弄清楚"到底哪些事情是真正能让我们获得幸福的"。

重要提醒

先学会尊重自己，才有可能真正懂得尊重别人。

先让自己情绪稳定、能量充足，才有能力善待他人。在自身难保的情况下，大多数人对别人的善意都带有一定程度的企图心。所以，尊重自己并不是自私，而是让自己有能力尊重他人的前提。

拥有真实自尊的人，才是有力量的人。

下面这首歌是我以编程语言中的"Hello World"代码为灵感而写的。

我想将这首《Hello World》送给每一个在日新月异的世界里不断自我更新、重启、面向未知的未来勇敢启程的人。

如获新生　自由自在

未绽放的坚持由自己青睐

广阔世界　等我来纵横四海

不卑不亢　不摇不摆

不在乎那些没来由的指摘

我有我存在　挥汗如雨之中看到

未来中的未来　踏着舞步到来

Hello world hello world

我为我创造世界　勇敢又无邪

做自己的主宰

Hello world hello world

没兴趣畏惧等待　时光不重来

这天地太精彩

· 本章总结 ·

一小时自我了解

了解你的“优势”：通过优势问卷找到你擅长的方式和工具，多让自己在擅长的领域尝试突破，为困顿的现状提供新的方向和可能性。

了解你的“价值观”：定期审视自己的价值取向，有利于我们坚持热爱、克服困境、从重复的日常中寻找源源不断的动力。

找到你的“最低安全阈值”：像建立防空洞一样建立一个能给予你内心最基本保障的安全基地，在面临糟糕状况时有足够的内在能量支撑，不至于无法存活。

通过“生活棋盘”寻找重点：梳理对于当前的自己来说最重要的生活面向，按照重要程度逐步实现想要的生活。

目标二：成为一个“自得其乐”的人

在自我找寻的道路上，自得其乐的性格可以为我们提供会带来愉悦感的处事态度，让我们以更轻松的心态面对挑战。

定期回望自己

通过自我梳理，你可以用合适的方法，以充满愉悦感的心态去做自己擅长的事情。记录下你当下的状态，定期回看，明确地用自己的方法成为自己，而不是用别人的方法成为别人。

欢笑吧　释放吧　失败是个笑话

尽情高兴吧　放纵吧

随时意气风发　独自声势浩大

出发吧　奔跑吧　悲喜一念之差

生命中喜悦多么难得

不要妨碍我自得其乐

——《未来俱乐部》

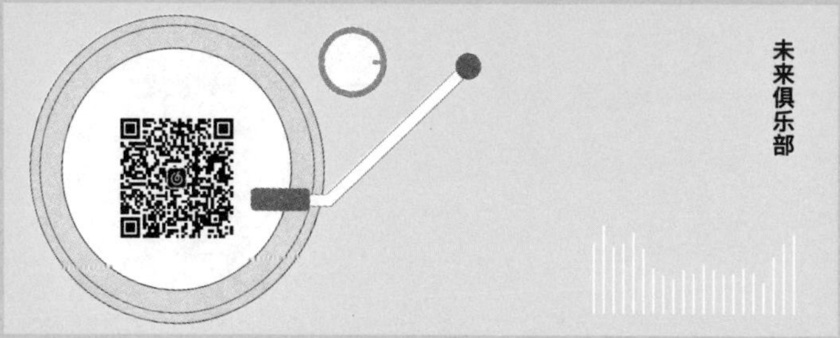

第四章

继续：获得稳定好心情的六个法宝

在互联网上，想要快乐太容易了：看片、玩游戏、点外卖、听歌……既然瞬时的快乐这么容易获取，那我们是不是只需要持续刺激多巴胺的分泌就可以了？

对快乐产生耐受性

为了能够在各种严酷的环境里生存下来，我们的身体拥有了超强的适应能力。它能够适应各种外部环境的改变和刺激，比如寒冷、炎热、黑暗、肮脏、饥饿，把这些原本不习惯的刺激逐渐变成习惯。

但是，就像我们会对药物产生“耐受性”一样，我们也会非常容易习惯快乐。大多数人都知道，我们不能没有节制地服用消炎类药物，并不是因为这类药物资源稀缺，而是如果我们日常服用，产生了耐受性，当大病到来时，它们对我们的身体就失去了药效，我们也失去了被治愈的重要机会。

快乐同理。

单纯的享乐主义者让自己沉浸在各式各样的娱乐刺激中，但他们获得持久的快乐了吗？并没有。他们只会觉得游戏越来越不好玩，段子越来越不好笑，身体越来越差，低落的情绪甚至更猛烈地袭来了……

爸爸妈妈有时会分享一些我很多年前看过的，觉得不再好笑的段子，并为之捧腹大笑，只是因为他们的网龄比我短，没有对这些笑话产生耐受性。

财富与幸福的临界点

类似的例子还有一个。我很喜欢一首网络歌曲《我的滑板鞋》，第一次听的时候被莫名打动，甚至湿了眼眶。它的作者庞麦郎是一个小镇青年，因为买到了一双自己梦寐以求的滑板鞋，兴奋地写了这首歌，那种因为一双鞋而获得的幸福感通过作品满溢出来，直接传递给了听众。我为此深受触动，因为我已经很难通过购买一双喜欢的鞋而获得这样巨大的快乐了。

心理学上将这种现象称为“享乐主义脚踏车”，又称“享乐适应”。理论认为我们都能迅速习惯周围环境的改变，比如，你会为得到一台新相机兴奋一阵子，但很快你就会对它视而不见。这种感觉就像是在蹬脚踏车的踏板，愉悦感被推到顶点后，不久就又会降至原点。很多购物狂疯狂消费，也只是为了不断体验刚刚拥有物品时的愉悦感，而获得物品后不久，它们带来的快乐就消失了，很多东西甚至不曾使用就被忘掉了。

那么，物质真的就无法带来长久的快乐吗？

努力奋斗反而会距离充满幸福感的生活越来越远？

有一个关于财富与幸福的研究，它的结论被称为“伊斯特林悖论”，也叫“幸福悖论”：财富与幸福的关系存在一个临界点，过了这个临界点，收入的增多就不能明显地促进幸福感增强了；而在这个点之下，收入增加可以持续地给人带来快乐。

这也证明了，人并不是越富有就越幸福。要想幸福，我们在挣够生活必需的费用后，可以把剩余精力倾注在挣钱之外的目标上，最好有些精神追求。

它也回答了之前的那个问题：金钱的确能够换来安全感和幸福感。

如果你的物质水平在临界点之下，那你通过努力赚钱一定能换来幸福感，但一旦超过了临界点，你就要去寻找其他的支撑。不然，金钱会反噬快乐，那些说自己不快乐的有钱人并不少见。

对我来说，金钱的意义只是带来安全感，让我的生活足够舒适。

然而也有很多人渴望金钱是为了获得权力、被他人仰视或者进入上流阶层，但这里有一个悖论：金钱、名气确实能够换来特权，但特权也会让人丧失一定的自由。

鲍勃·迪伦的歌曲《Like a Rolling Stone》(《像一块滚石》)中有一句歌词我非常喜欢：When you got nothing, you got nothing to lose（当你一无所有，你也没有什么好失去）。

既然娱乐刺激不能带来持久的快乐，我们又很难一下子达到财富与幸福关系中的临界点，那么在现有的状态下，该如何建立持久的好心情呢？下面就来介绍一些相关的方法。

（一）提升“积极率”

大多数人都是渴望开心的。

但是，社交媒体过度宣扬的成功学和“打鸡血”，使得一些人对正向的情绪状态有些反感。在某种程度上，积极情绪也受到了误解。

科学证明，积极情绪有益于身心健康，能够让人感觉良好，更好地发挥优势，也更有创造力。实际上，我们追求幸福就是在追求积极情绪。

芭芭拉·弗雷德里克森在《积极情绪的力量》一书中总结出了10种最常见的积极情绪，分别是：感激、宁静、兴趣、希望、自豪、逗趣、激励、敬佩和爱。

有趣的是，"快感"并不在她所列出的积极情绪清单里。她认为快感更接近于消极情绪，因为对快感的追求容易让我们盲目满足眼前的生理需求，从而上瘾，被自己的渴望裹挟。而积极情绪能更好地调动我们的身体和心理机能，持续向我们回馈好的感受和体验。

但是每个人的情绪都是不断波动的，都会有消极或者积极的情绪状态。芭芭拉在书中指出，根据科学研究，能够长期被积极情绪驱动，从而过上更好生活的人，积极情绪和消极情绪的比例大概是3∶1。

因此，提高积极情绪的占比，即提升我们的"积极率"，是当下我们的一个重要目的。

提升积极率最直接的方式就是增加自己对生活中积极部分的关注。我们身边并不缺少有趣、正能量、有营养的事情，但因为我们消极的核心信念以及天性中对危险的警惕，很少会去关注它们。

伴随正念冥想以及对错误信念的觉察和挑战，我们可以通过下面两种方法逐渐提升自己对生活中积极、有能量的事情的关注度，提升我们的积极率。

下面是一些快速建立积极情绪的方法：

使用正负能量转化器

负面情绪垃圾桶	正面情绪蓄电池
我很笨。	我能够看到自己的不足。
我不善沟通。	我善于倾听。

将经常出现在你脑中的负面结论填写在图表左边的“负面情绪垃圾桶”里，然后换一种视角，寻找这个结论的积极解读，将它填写在右边的“正面情绪蓄电池”里。

记录能量日记

日期： 2020 年 2 月 24 日

状态打分（是否有强烈的愉悦感）：

−5 −4 −3 −2 −1 0 1 2 (3) 4 5

沮丧 **平静** **愉悦**

能量打分（是否感受到充满能量）：

−5 −4 −3 −2 −1 0 1 (2) 3 4 5

无精打采 **正常** **充满能量**

高光时刻： 跳了《舞力全开》，神清气爽。

情绪低谷： 中午看了一篇关于疫情的特稿，哭了，难过。

记录自己每天生活中重要的事情、高光时刻、情绪低谷，去给这些事情打分（分为正分和负分），确定这些事情对自己的影响。

这样记录一段时间，我们就会清楚怎样安排生活能够有效提升“积极率”，让我们的状态更加“欣欣向荣”。

能量日记并不需要太复杂，每天记录 1—3 个关键事件、情绪的高点和低点就可以。这样，我们可以把消耗精力、扰乱心境的事情适度减少，把高光时刻以及让自己状态变好的事情整理出来，在我们状态不佳的时候用来调整状态。

每天记录三件好事

日期：2020 年 2 月 24 日

今天发生的三件好事：

①第一次尝试直播讲课。

②翻唱了很喜欢的歌。

③发现晚霞很美。

每天睡前记录一下当天发生的三件好事，只需要几分钟，就可以积攒下生活中的美妙时刻。积攒美好的感受像攒钱一样，久而久之，你对生活的认知和态度就会转变，内心愉悦的财富也会越攒越多。

（二）建立你的滋养清单

状态不佳时，有以下两种对策可以快速帮你恢复：

\ 1 /
不要等自己状态好了再做事

一旦进入抑郁的状态，人是极度缺乏行动能力的，做什么事情都打不起精神来，但如果一味地放任自己，等待时机，那么你可能永远也等不到状态好起来的时候。你只会越休息越累，陷入无止境的疲惫和消沉中。

正确的处理方式是，随意去做一件虽然现在没兴致但曾经令你很开心的事情，比如出门逛街、健身、看电影、吃顿好饭或者约朋友聊天。即使一开始你因为缺乏活力而不太舒服，但最终你会发现在这一过程中，疲惫和抑郁逐渐消失了。

我们状态不佳时，往往会预设有些行为不可能令我们快乐，比如社交焦虑症患者会默认社交令人痛苦，抑郁的人也会认为出门看电影是一件消耗能量的事情。

正是因为这些思维的预设，我们才会一圈一圈逐渐沉沦，彻底被情绪的黑洞吞噬。

因此，请忽略一切预设与担忧，直接行动，去做一些不一样的事情。出门走走、做运动、与喜欢的朋友联络都是迅速建立积极状态的好办法。

在做事的过程中，你的状态就会慢慢发生改变。行动之后记住好的感受，淡忘不适和焦虑，渐渐就不会对这些行为产生消极的预判了，你也会因此发现更多“可以迅速改变消极状态”的行动。

行动是激发活力、消除疲惫的最好办法。

先动起来再说。

\ 2 /
为自己建立一份滋养清单

当你陷入低落的情绪，感到疲惫的时候，你需要找出那些你不假思索就会展开行动的事情。之前我们记录过每天的美好瞬间和快乐经历，现在你可以把其中最令自己快乐的事情放到这份“滋养清单”里。

被列入滋养清单的事情，需要具备以下几个特点：

首先，这件事基于健康的喜好而不是欲望。基于欲望的事确实能令人愉悦，但容易上瘾，最终会让人陷入一种更难治愈的糟糕状态中。制作食物、鉴赏美食，都是健康的喜好，但如果仅仅是追求吃东西的快感，暴饮暴食，那就会造成身心的不健康。

其次，这件事可以没有短期回报，但一定会有长期收获。比如整理房间、健身锻炼、完成任务清单上的待办事项，在开始做这些事情时，你也许会觉得有些无聊，但整洁的房间、健康的身体和清空的任务列表，会带给你持续的收获和成就感。

第三，这件事的难度不能太大。它是让我们从糟糕情绪里走出来的契机，而不是行路上的障碍。我们不能把一件比克服我们正在面临的困难更难的事情放到滋养清单里，这会让你对清单更加抵触。

当然，状态不好也分为很多情况，有时是过度疲劳需要放松，有时是长期无所事事感到空虚，为了应对不同的情境，我将滋养清单分成了四个类别：

娱乐型清单

单纯释放压力、缓解情绪、分散注意力时使用的清单，也是使用起来难度最小的清单。

兴趣型清单

与我们的兴趣有关，在带给我们愉悦的同时又能提升我们技能的清单。

成就型清单

包括一些简单易完成的任务。有些时候，当一件事情难以继续下去，调节情绪最好的方法就是去完成其他事情，也就是所谓的“以毒攻毒”。很多时候，完成任务的成就感比娱乐刺激更能改善我们的心情。

营养型清单

它有关习惯的养成，是门槛最高的清单。在情绪不佳的时候，如果能够完成这份清单上的事情，就不仅能收获成就感，还可以养成好的习惯，改善我们的生活状态。

以下是我的滋养清单范例，你也可以在附赠的“好心情测试本”中写下自己的清单。

①娱乐型清单

- 看剧，看片
- 做美食、料理，榨果蔬汁
- 玩游戏
- 购物
- 和好朋友出去玩
- 短途旅行
- 小睡
- 撸狗

……

②兴趣型清单

- 练字
- 练习绘画
- 训练口才、演讲
- 练歌
- 研究穿搭
- 研究其他感兴趣的事情

……

③成就型清单

- 完成日程表上的琐事（都是可以一口气完成好几件的小事）
- 15 分钟整理书桌
- 15 分钟自我梳理
- 15 分钟完成重要的工作、创作
- 15 分钟知识积累、阅读
- 15 分钟高强度间歇训练，调节身体状态

……

④营养型清单

- 每周健身 3—4 次
- 正念冥想
- 每天固定写作
- 定期整理物品
- 定期阅读
- 定期社交
- 写感恩日记：每天记录 3 件值得感恩的事情
- 写勇气日记：每周记录自己的突破

……

同时，为了降低难度，我也会尽量创造条件，让清单上的事情变得简单易执行，比如为一些日常的“滋养行为”做如下准备：

运动：备好成套的运动鞋和运动服，以及固定的训练课程、运动计划和运动设备。

练字：在阳台的小角落准备好纸和笔，疲倦时随时可以开始写，不需要临时寻找用具。

练歌：准备好一个固定的练歌场所，随时可以开始唱。

榨果蔬汁：备好苹果、黄瓜、养乐多、一个水果去核器、一个轻便榨汁机，保证 5 分钟内就可以喝到果蔬汁。

正念冥想：提高自我觉察能力，一旦状态游离（大脑进入“自动导航”模式）或者开始焦虑，做任何事情都不能静心时，就马上开启正念冥想。

或许会有读者觉得做这些事太浪费时间，对于这种心态，一个很好的解决办法就是计算一下自己一天之中各项活动的时间花费，比如看看我们浪费在社交媒体上的时间有多长。这样，当我们在做清单上的事情时，就不会因为觉得时间不够而焦虑，无法沉浸于当下了。

延伸阅读

积极心理学之父、美国心理学会前主席马丁·塞利格曼曾提到过能帮助职场人缓解抑郁的 5 个积极心理习惯：

①写一封邮件，表扬一个你认识的人。

②写下 3 件你觉得感激的事。

③花 2 分钟记录一段积极的经历。

④做 30 分钟的有氧运动。

⑤冥想 2 分钟。

哈佛大学的“幸福课”也提供了“幸福鸡尾酒”，它由 4 种成分组成：

①每周 4 次，每次半小时的锻炼。

②每周六 6—7 次，每次至少 15 分钟的意念锻炼（冥想）。

③每天 8 个小时的睡眠。

④每天12个以上的拥抱。（抱人，抱宠物，抱枕头，抱自己。）

（三）自我“放纵”一下

大卫·林登在《愉悦回路》一书中写到，愉悦和成瘾是必然联系在一起的。所以创造快乐时，既需要结合自己的需求，也要适可而止，合理放纵。

我们最终追求的是一种舒适的状态——从容应对大起大落，在不确定中保持稳定。

那么，我们应该如何调节欲望，获得稳定持久的开心呢？

在我看来，这依然存在一个临界点——我们的“心理临界点”，或者“欲望临界点”，它因人而异，取决于每个人的价值观和真实感受。

对很多年轻人来说，需要做的就是随时审视自己的欲望临界点。比如我自己，如果有些时候工作过于疲惫，我会允许自己降低欲望的强烈程度，给自己一个心理休整的空间。当然，如果你拥有家庭或者团队，那么欲望临界点就需要根据与他人讨论后达成的共识而确定。你需要尽量和身边的人保持重要心理基准线上的一致性，互相接纳，这样才能在不破坏关系的前提下，满足双方的心理期待。

（四）“会休息”比“会努力”更重要

在这个全民“996”的时代，很多人甚至会每天加班到深夜，但是，这种对健康的短视，不尊重身心作息规律的行为终究会显现出恶果。实际上，如果我们期待不枉此生、活得精彩，好的身体和充足的精力都是必要的前提。

很多现代病和亚健康状态的出现，并不是因为我们不懂得如何努力，而是因为我们不懂得如何休息。下面分享的方法可以帮助你学会科学地休息，远离慢性疲劳。

前文提到过，我们的大脑总会习惯性地进入“自动导航”状态。

很多时候我们确实休息了，但却毫无效果。我们在压力很大的时候玩游戏，在任务繁重的时候暴饮暴食，在状态不佳的时候宅在家里刷剧看片，看起来都是在休闲娱乐，但心理负担却越发严重。因为这些所谓的“休息”只是让我们暂时从焦虑的事情上转移了注意力，但大脑仍然在“自动导航”模式下忧心忡忡。

那怎样才能真正地休息呢？

很简单，就像我们的身体累了需要睡觉、饿了需要吃饭一样，我们的大脑累了、情绪累了，也需要用一些方式进行缓解。我想向大家介绍的是“正念休息法”。

非常简单，三个字：深呼吸。

不要小瞧这三个字，呼吸是你身体的锚。我们的自动化思维和过度波动的情绪、过分起伏的状态本质上都是意念的游离，而呼吸，可以把我们拽回当下。

当然，我们在深呼吸的时候大脑一定又会开始“自动导航”。不要和这种情况对抗，当我们觉察到思绪跑远了，就要允许自己走神，然后慢慢地重新开始深呼吸。这也是正念最重要的一点：不要强迫自己做所谓正确的事。

这里分享几种深呼吸的方法：

坐姿深呼吸

坐在椅子上，双脚着地，身体挺直，闭眼，将注意力集中在腹部，深呼吸。

站姿深呼吸

双脚分开与肩同宽，将注意力集中在腹部，深呼吸。

伸展身体深呼吸

缓慢地抬起胳膊，然后放下，身体缓慢转动，深呼吸。

正念行走深呼吸

在行走过程中感受脚与地面的接触，深呼吸。

一开始不用训练很长时间，3 分钟即可，然后可以慢慢延长到 20 分钟、30 分钟甚至更长的时间。

这样做的目的是让自己回到当下，让觉察力回来，让大脑从“自动导航”模式中解放出来。

重要提醒

最后需要注意的是，放松不是虚度，而是有觉知地生活。

有时，虚度光阴让人更加疲惫，因为当你什么都没做时，反而会给大脑充分的空间疯狂运转。

如何有觉知地生活？

你可以在手机上安装时间记录应用，让自己意识到每天的时间都是如何度过的。

将自己每天固定要做的事情划分归类，不要太复杂，比如休息、运动、工作、娱乐，当你停止写作开始浏览网页的时候，就记录下这一次从“工作”到“娱乐”的切换。这样的记录不需要长期进行，隔一段时间记录一下，让自己的觉察力恢复，了解自己这段时间的注意力状态即可。

（五）如何正确“打鸡血”

自律、积极、自控、内心强大、高效、勤奋、努力……我们是被“鸡血”包围，生怕自己被时代抛弃的现代人。励志鸡血就像时效短暂的万灵药，服用的时候感觉自己无所不能，但药效一过马上又会被打回原形。

在一个抑郁情绪普遍的环境里，“鸡汤”“鸡血”会成为药物酒精一样的必需品。当我们被没来由的消极情绪打败时，积极励志的言论确实可以让我们迅速从过度悲观的恶性循环中跳脱出来。

它们不是不好，但的确在兜售幻觉，而很多人会轻信幻觉。打了鸡血，你会认为自己也具备了成功的能力，但一觉醒来，却发现现实中的自己没有任何变化。

你不会对一个身患重病的人说：“再加把劲！你应该健康！”因为恢复健康需要实实在在的治疗和锻炼。而励志鸡血所做的就是向我们大喊：“再加把劲！你要内心强大起来！”但想要做到这一点，我们需要像锻炼身体一样对自己的头脑进行持续有效的训练。

有统计证明，根本性地改变一个认知大约需要5年，将认知变成习惯至少需要7年。我从开始学习积极心理学到现在，能够真正感受到自己幸福基准线的提升、自我效能感和行动能力的提高，也经历了3年的时间。

所以有些时候不要怪鸡血短效，而是要看自己有没有长期坚持去做。

加布里埃尔·厄廷根博士通过20多年的研究，在《WOOP思维心理学》一书中提出了一个将“鸡血”变为“现实”的有效方法——WOOP思维方式，即“心理比对”。

什么是WOOP呢？

WOOP是“wish”（愿望）、“outcome”（结果）、“obstacle”（障碍）以及“plan”（计划）4个英文单词的首字母缩写。这种心理比对包含4个步骤，可随时用于各种长短期愿望的评估。

计划名称：

愿望W：

结果O：

障碍O：

计划P：

如果（　　），那么我就（　　）。

如果（　　），那么我就（　　）。

如何使用这个表单呢？

这里以我 21 天早起阅读写作的计划为例：

计划名称：21 天 45 分钟早起阅读 + 写作计划。

愿望 W：坚持 21 天 45 分钟的写作 / 思考 / 输出。

结果 O：通过持续的知识整理输出，养成写作的习惯，建立知识系统。

障碍 O：不想执行，无法坚持早起，被其他安排打断。

计划 P：坚持早起，利用好不被打扰的 45 分钟，远离手机和网络，专注阅读和写作。

如果（早上没做），**那么我就**（睡前或者从其他时间段抽出时间来做）。

如果（某一天中断了），**那么我就**（第二天再早起一点儿，补上前一天的时间）。

"好心情之旅"注定是一趟漫长的旅程，我唯一可以确定的是，只要你坚持走下去，就一定会成为一个身心状态更好的人，一个能够真实感受到生命的美好与幸福的人。

（六）如何应对"至暗时刻"

\ 1 /

复原力

人生中，困境和挫折无法避免，我们该如何面对呢？

这里，我要提供一些关于“复原力”的基础认知和培养技巧。

所谓“复原力”，又称“抗逆力”，指的是我们在压力状态下和遭受重大挫折时的心理承受能力。对复原力高的人有一个很形象的描述——“心理弹性大”。心理弹性也就是我们面对冲击时，内心的缓冲能力和松弛度。

是的，真正拥有强大复原力的人，内心并不像我们想象的那么坚硬，反而柔软宽松，可以接纳、反弹、消化各种类型的现实挑战。

相比庞大的世界、突发的事件，人总会显得微小而脆弱。我们不可能始终硬碰硬地去面对困难、解决问题，也并不是所有的问题都有解决办法。

很多时候外部环境不能如我们所愿，在一些再怎么努力也无济于事的时刻，心理弹性可以帮助我们冷静下来，寻找新的解决办法。

内心的高度弹性和灵活性包括以下三个方面：

☆应对情绪压力时可以保持内心松弛。

☆可以有效应对“杏仁核挟持”。

☆对灾难性思维可以进行认知重建。

同时，提升心理弹性很重要的一点就是——接受不完美。

我们欣赏设计师的杰作，羡慕拥有非凡成就的大师，把自己对工作的期许建立在对大师的崇拜上。人人都期待成为大师，但大多数人都只是平凡的人。于是我们进入了完美主义的陷阱——对完美有强烈的渴望，却不知道该如何获得完美。

其实，大师也是从普通人、从无数的失败中走过来的。我们不能只看最终成果，要看他们早期失败的作品和付出的精力。

在励志书和媒体故事中，似乎所有人都能成功，但要知道，故事是成功的人撰写的，那些失败的人我们没有机会看到。因此，我们要多去看那些失败的案例，要认识到失败是正常的、合理的。只有这样我们才有可能扛住挫折的打击，获得最终的成功。

我一直认为，生而为人最重要的义务，便是在不伤害别人的前提下，尽可能培养自己独自生产幸福的能力。

因为只有当一个人幸福、自信、自尊、自爱的时候，他才能拥有持续的力量，才有能力向周围的人和世界提供稳定的价值，才能不自卑、不患得患失，也不自大、不狂妄，才能把握好对人对己的分寸感。

这便是最有价值的存在方式，也是我所认为的真正的独立。

我们寻求真正的独立，并不是想让每个人都成为一座孤岛，与世隔绝、自成体系。

真正的独立，是为了让我们建立稳定的人格。当我们成了一个更加自洽的个体，才能与其他人互为泉水，互相滋养；才能先懂得自爱，然后学会爱人；才能感受到别人的爱而不会索求无度；才能主动给予而不会患得患失。

这样的你我才真正拥有与人建立稳定联结的能力。

这就是应对人生不确定性最重要的方法，也是触底反弹时最需要具备的复原力。

\ 2 /

从简单到复杂到简单

美剧《傲骨之战》的主角戴安说过一句话："我意识到不管这个世界有多么疯狂，只要我自己的小天地还正常就行。"

个人对环境的控制是非常有限的，在这种情况下，对内部世界的掌控则能避免自己迷失于外部的混乱之中。

从出生到成长，我们频繁经历着"简单——复杂"的过程。在我看来，从成长到成人，则需要再度经历"复杂——简单"的阶段。这个阶段类似于一次新生，可以使自己具备更稳定的心态和更松弛地应对世界的能力。

只有让自己更轻松地应对外部世界给予的挑战，我们才能在此基础上创造真正的新鲜、趣味和快乐。我们才能够真正成为独立、自由的个体，去改变世界和创造自己的人生。

但是，从"简单"到"复杂"容易，从"复杂"回归"简单"却一点也不简单。

混乱是一种自然的趋势，加上科技进步、信息爆炸、周遭飞速地变化，更多的资讯和刺激迅速冲入我们的世界里，身边的人、事、物每天都会发生不同的改变，经济局势、政策制度也在不断变化，持续加剧的"不确定"随时都在扰乱我们的生活。

有些人为了回归简单，选择避世。他们离开城市、屏蔽社交、抛弃所得、清新寡欲，但大多数人终究会发现，避世时间久了很难耐得住寂寞，与时代脱节并不会令人获得真正的踏实和喜悦。

在我看来，更好的方法不是避世，而是入世却不世故，是在所有人都面临的困境前寻找解决方法，让自己有能力直面碰撞，身心迅速成长——去应对更复杂的局面和更混乱的信息，去进化和升级，在全新的现状中重建秩序，把混乱整合为更高级的简单。

这个过程才是真正的进化和成熟，才是从一种逃避软弱的姿态变成一种积极应对的成熟姿态。

我们都能够通过努力，拥有这样的生活与工作状态——主动、高效但不辛苦，享受失败，收获成长，最大程度地吸收生活中的欢乐与养分。

当然，如果“稳定的快乐”是这个时代的稀缺资源，那么获得这种资源一定不容易，不过，也一定有办法。

秩序的建立最终还是为了脱离秩序，梳理清楚脑内的逻辑之后，我们就可以不再受制于逻辑了。建立内在的框架，然后站在这个框架之上，开始更具有流动性的自在人生。

（七）目标三：获得蓬勃的人生

我们不需要向任何人证明自己的幸福。我们的目标是通过一系列行动建立内心充足的幸福感，从而为更大的挑战、追逐更好的生活持续创造动力和能量。

那么，最理想的人生应该是什么样子的呢？

在《持续的幸福》这本书中，积极心理学之父塞利格曼先生给幸福做了全新定义：蓬勃的人生。他用“PERMA”概括了蓬勃人生的5

个要素：积极的情绪（positive emotion）、投入（engagement）、人际关系（relationships）、意义（meaning and purpose）和成就感（accomplishment）。

蓬勃人生的核心特征是：

☆ 拥有积极情绪：总体而言，你觉得自己很幸福。

☆ 能够专注投入，拥有兴趣：喜欢学习新事物。

☆ 有明确的意义和目的：通常会觉得自己的行为是有价值的。

蓬勃人生的附加特征是：

☆ 自尊：通常自我感觉良好。

☆ 乐观：总是对自己的未来持乐观态度。

☆ 拥有复原力：身处逆境时，不需要很长时间就能恢复。

☆ 具备活力：精力旺盛，知道“怎么玩”。

☆ 自主：有对前进方向的信念和坚持。

☆ 拥有积极关系：在生活中，有人真正关心你。

建立蓬勃的人生，也是这本书的第三个目标。

在全书的最后一章，我们还将针对这个目标进行整体的梳理，看看旅程结束时你是否更接近了理想中的生活。

本章总结

提升“积极率”

介绍了“积极情绪”对身心状态的重要改善作用，分享了一系列提升“积极率”、改善我们情绪状态的方法和工具。

建立你的“滋养清单”

介绍了“滋养清单”的几种类型，以及建立属于自己的“滋养清单”的方式。

自我“放纵”一下

分享了合理对待欲望、平衡工作和休闲的理念。我们需要结合需求，找到自己的“欲望临界点”。

“会休息”比“会努力”更重要

介绍了休息对于提高工作效率、提升生活品质的重要性，分享了“正念休息法”，帮助大家在身心疲惫时真正放松。

如何正确“打鸡血”

分享了将“鸡血”变为“现实”的有效方法，让热情变成持续的乐观，将能量持续注入工作和生活中。

如何应对“至暗时刻”

介绍了应对困境的“复原力”，分享了提升“心理弹性”的方法。

目标三：获得蓬勃的人生

介绍了蓬勃人生的核心特征和附加特征。

我闯入灿烂晨光　温暖穿透朝霞轻抚我的脸　慵懒

我看到一抹清风　扫过发梢调皮撞上你双眼　悠然

我看见鸟群飞过透明天空　无拘自由地盘旋流转

我站在银河尽头　召集星辰为你描绘壮大的浩瀚

我按捺心口雀跃　期待找到可以形容的语言

——《晨间第一曲》

第五章

进阶：如何轻松舒适地与他人相处

如今，“社恐”成了一个时髦的词。互联网时代通信更为便捷，人与人之间的关系却似乎变得更加疏远和脆弱了 。

人与人之间的关系与幸福的关联度大吗？该维系怎样的社交关系才能最大程度上使人幸福？有哪些适用于社恐患者的有效沟通技巧？如何与自己的原生家庭温柔和解？美妙的爱与依恋关系又该从哪些角度去切入、去获得？接下来，我们将讨论人际关系中与幸福有关的诸多层面。

（一）陷入社交恐惧

哈佛大学有一项关于成人发展的研究[1]，从 1938 年开始，研究人员跟踪了 724 个对象，记录了他们的一生。研究内容有关这些人的成长、人生选择、生活状态，每隔两年便会对他们进行寻访和生活问卷测试。这项研究一直延续至今，第一批受访者很多已经 90 多岁，甚至离世了。

---

1 关于这项研究的内容与结论，参见罗伯特·瓦尔丁格（Robert Waldinger）教授在 TED 的公开演讲《何为美好生活》（*What Makes a Good Life*）。——作者注

研究选取了两组人，一组是哈佛大二学生，另外一组是波士顿贫民区的小男孩。研究试图探寻，究竟是阶层、人生选择、机遇、收入，还是其他什么因素令我们的生活更快乐。

这项时间跨度近 80 年的研究表明，良好的人际关系能令人更快乐、更健康。它给出了三个结论：

☆良好的关系对我们是有益的，孤独有害健康。

☆不是朋友多就幸福。高质量的关系有益健康，低质量的关系对身体有害。

☆幸福的婚姻不仅能保护我们的身体，还能保护我们的大脑。

作为一个持续时间长、样本众多的经典研究案例，这些结论还是有一定说服性的——社交对生活的幸福感提升非常重要。

但是，为什么我们常常不喜欢社交呢？

天生“社恐”就注定永远无法获得幸福了吗？

\ 1 /
高质量的关系

在上述案例的研究结论中，最重要的一点是，良好的关系对我们是有益的。

很多时候，我们排斥的“社交”，并不是良性的社交关系，很多令社恐症患者想起来就难过的经历，也大多涉及低质量的关系和消极的个人解读。也就是说，虽然社交对我们的身心有益，但我们并不建议人人都成为公关达人、社交高手，也不提倡大量无效的广泛社交。

只有将注意力聚集在建立更多良性社交上，拥有更多提升彼此生活满意度的高质量关系，我们才会真正获得幸福的情绪。

不过，什么是“高质量”的关系呢？

即使手机中存储的联系人数量已达上限，在孤独的时候却依然不知道该联系谁，这是一种典型的现代病：“交易性质的社交”和“互相滋养的关系”数量严重不平衡，多数关系都是功利性质的，能够提供情感支持的却少之又少。同时，市面上的大部分社交技巧书籍只会教给我们如何建立人脉、开拓人际资源，暗示我们那些深层的交流是矫情、不必要、无用的。然而实际上，正是后者直接促成了我们与他人的联结，让我们的社交拥有真正的意义和长久的价值，让我们通过关系获得了稳定的幸福感。

这是我们生而为人的基本需求。

\ 2 /
非零和博弈

塞利格曼在《持续的幸福》一书中也将“积极的关系”作为直接影响生活幸福度的五个元素之一。多项研究表明，在关于幸福的调查中，对生活满意度最高的人，都是拥有更多积极关系的人。

基本上所有的关系都是一种交流和交换。用不够浪漫的方式来讲，所有的关系都是一种博弈。

那么，我们渴望在生活中建立的良性关系、积极关系是什么呢？答案就是——一种“非零和博弈”的关系。

我们先来讲讲“零和博弈”。

这个看起来很专业的词的定义是：参与博弈的各方处于竞争状态，一方的受益必然意味着一方的受损。最极端的例子就是电影《大逃杀》：我必须杀死你，否则你便会杀死我。

现实生活中的零和博弈会触发人们更多的竞争意识，导致我们肾上腺激素飙升，自我迫使，激发潜能。在竞技、考试的时候也能激励人们突破极限，追求更高、更快、更强。然而在日常的关系和团队的协作中，我们需要“非零和博弈”，体会人与人之间的关系带来的抚慰、支撑和共赢。

比如，有些家长很喜欢问孩子一个令他们极其为难的问题：“你是喜欢爸爸还是喜欢妈妈？”这就是一种“零和博弈”——孩子只能爱一个人，爱爸爸就不能爱妈妈，爱妈妈就不能爱爸爸。我从小就很不理解这个问题，很好奇为什么不能两个都爱。而实际上，良好的亲子关系就应该是孩子爱妈妈的同时也爱爸爸，还有爷爷奶奶和姥姥姥爷。这就是“非零和博弈”——向外拓展更多的爱，而不是在内部竞争有限的爱。

所以我们需要把注意力向外扩展，多关注他人，关注还能创造什么，而不是过分地自我关注，过分局限于手中仅有的东西。毕竟我们没有处在《大逃杀》的剧本里，能够走向广阔的世界，去做更多有趣的事情，和善于“非零和博弈”的人协作共赢，一起创造价值，互相支撑。即使处在一个资源有限的竞争大环境里，也可以建立更多的信任关系，并肩作战，共同开拓资源。

\ 3 /
注意力在哪里

高质量的关系来自对彼此的关注。

消极情绪会“收缩”注意力，它让我们聚焦威胁的源头，以尽快做出针对危险的防御，但在社交关系中，如果我们用消极的方式去“收缩”注意力，将对方当作危险的目标，那将很难建立理想的、良性的关系。

现代社会中的孤独感和不幸福，很大程度上来自人与人之间的信任度过低。而频发的负面新闻、纠纷事件，让我们越来越难建立对他人的信任。这一切都使得积极关系的建立更有难度了。

人的本性是自私的，倾向于自我保护、适者生存，但作为一个社会动物，与人协作也是必要的。如果将自我防御放在太过重要的位置，就很难建立比较舒适的关系——过分的自我关注会令自己极度敏感，很难从容地处理与人接触时各种不确定的状况。

我觉得，好的相处需要偶尔违背一下本能。

过分的自我关注是糟糕情绪的主要来源，但如果我们能够将关注自我与关注他人的比重平衡一下，拥有更多同理心，给对方留有更多的试错空间，那么我们会更容易建立真正的良性关系。

（二）内向不好吗

有的人似乎生下来就阴郁、敏感、脆弱，容易被挫折打败；有的人则天生乐观、大条、勇敢、开朗又自信，好像从出生起就中了“好心情彩票”一样。既然社交这么重要，那是不是天性外向的人更有可能获得幸福呢？如果生来内向，那提升幸福基准线，成为一个“容易开心的人”，可以通过自己的努力来实现吗？

诚然，遗传因素影响了人格特质：多种基因共同决定了气质特征，这些气质特征与环境因素交互作用，影响着人格特质的发展。

让我们回顾一下马丁·塞利格曼在《真实的幸福》中提到的那个公式：**幸福的持久度 =50% 的幸福起始点 +10% 的环境 +40% 的可调整活动。**

决定一个人幸福程度的，除了 50% 的先天基因，也就是“幸福起始点”外，还有 50% 的后天因素。也就是说，我们的性格和处事方式通过后天的经历和努力，是有可能会发生变化的。

常有人说，性格决定命运，但在我看来，决定命运的不是性格，而是你如何看待自己的性格。

对于任何一种性格的人来说，只要利用好自己的性格优势，就能过上更好的生活，但内向的性格却经常被人诟病。

在五大人格理论里，天生“外倾性”得分较低的人基本可以归为一般意义上内向的人。在生活中，内向与外向的人最明显的区别在于，内向的人更需要通过独处来释放压力，而外向的人则更需要通过与可靠的朋友见面、聊天得到放松。

从社交功能上来讲，内向的人确实更难享受广泛的社交。某种程度上，性格的内外向程度决定了社交的广度。然而正如前文所说，“注意力在哪里”是高质量关系的关键，想要获得良性关系，内向的人在这一点上有时更有优势。

通常，性格内向的人更敏感，也就更具备同理心，“宜人性”通常比较高。

大多数社交恐惧症患者，其实并不会在社交场合受到更多的伤害或指责，只是因为“思虑过度”或“过多地为别人考虑”，从而产生了负面解读和消极情绪。

很多人觉得社交很累，但这并不代表他们不善于社交。相反，很多不热衷于社交的人往往更招人喜欢，因为他们更冷静、细腻，“宜人性”更高，所以在社交时反而显得完美。而很多热衷社交的外向的人，虽然喜欢同他人一起消磨时光，却容易产生“朋友很多，高质量的关系却很少”的情况。

高质量的关系是决定幸福的关键，更好地利用自己的性格优势则是维护高质量关系的关键。

回看第三章中你的性格优势，想一想你有哪些性格特点可以促进你与朋友、亲人、爱人之间的关系，为你带来全新的体验？

下面是我的范例：

性格优势	转化为关系优势
学习能力	能够将所学的东西变成技能分享
理解能力	善于安抚别人的情绪
欣赏美与卓越	擅长安排与审美相关的活动 / 出行

现在，请在下表中写下你自己的优势：

性格优势	转化为关系优势

将你的性格优势转化成可以用来建立高质量关系的优势，同时，也请你将这个方法告诉你的朋友、家人和对你而言非常重要的人。这样，你们就可以在相处时以彼此的优势为出发点，发现更多生活的乐趣，这也极其有助于你们建立更多的良性关系。

（三）良性沟通的秘诀

市面上有很多畅销的社交技巧书，我也翻阅过一些类似的指南，比如《把妹达人》，它直接介绍了“把妹”的策略。

其实我蛮推荐“把妹达人”系列的《把妹达人圣经》，它的篇章结构和知识排列方式十分科学，是一本很有效的自助手册。然而，我并不想把它推荐给想用套路轻松搞定女生的男生，我想重点把它推荐给有社交恐惧的人、初入社会的小白，特别是姑娘们阅读。

在我看来，这些技巧类书籍最重要的作用是让你有能力分辨一些最浅显的社交技巧和套路——避免在与人打交道时犯一些过于低级的错误，同时也减少你被不真诚的人用套路伤害到的可能性。

稍微翻阅几本类似的社交书籍之后，你会发现：很多技巧策略类书籍中讲到的方法，也许能让社交小白迅速打开局面，但并不能促成长期稳定、互相滋养的良性关系。

它们介绍的技巧大多以“自己”为出发点，着重改变自身，比如要凝视对方的眼睛，脚尖要朝向对方，身体姿势要舒展松弛、显得自信，声音要充满底气，要学会欲擒故纵，等等。

试想一下，在一次沟通中，如果我们的注意力都在“如何让对方被自己吸引”上，全程都在“过分地自我关注”，还有可能达到真正有效的沟通吗？

这些套路也许能够帮助一些没有社会经验的年轻人，或是通过认知差异使人获益，但这类社交关系的建立，本质上并不可能令人拥有稳定的好心情，因为这样的关系是彼此消耗的，人们很难在这种关系上建立长期真实的联结。

让我们回想一下影视剧中展现“宫斗”的情节。在权力斗争下，人与人很难建立真实的联结与信任。很多人羡慕帝王有权势，有荣华富贵、三千佳丽，但若是让古代的皇帝们去做一份幸福调查问卷，相信他们的平均幸福指数会低得超出想象——权谋胜利时的高光一闪而过，生活中充斥着漫长的惊恐与无助。

在我看来，那些热衷“宫斗”的团体，或者说热衷建立欺骗性多角关系的男女，大多是因为很难建立对个人价值的认同，只好通过对他人的操控来证明自我的价值，但从积极心理学的角度看，恶性的关系是对身心消耗最严重的外部因素之一。

作为一本帮助人获得好心情的手册，本书的建议是：尽量减少建立彼此消耗的、恶性的关系，转而以建立积极的、相互滋养的关系为目标。

在我看来，一切关系中，好的沟通只需要尽量遵守一条准则：以彼此的核心感受为出发点。

这句话中很重要的一个词是“彼此”，也就是说这件事是相互的、双向的，关系的双方都需要被关注和尊重，这是任何一段良好关系的出发点。

第二个重要的词汇是“核心感受”。很多时候我们很容易把偏激的情绪当成自己的核心感受。

前文提到过，你可能认为自己的感受很真实，但其实它只是“杏仁核劫持”之下产生的一种失控情绪。这种时候，我们需要照顾彼此的心情，但最终，我们需要关注的重点是，这种情绪是如何引发的？核心感受是什么？

举一个例子，情侣之间生气并不是因为“你没接我的电话”，而是“我认为你不关注我”。

再往下深究一步：“我想要的关注是怎样的？你能够给予的关注又是怎样的？”

这两者之间是否存在一个双方都能接受的点？

这便是一次照顾到彼此核心感受的沟通，而不是情绪上的沟通。

良性的关系需要大量的沟通，而沟通本身也是促进关系很重要的一点。所以我们会说，互相滋养的良性关系在精不在多，但需要投入足够的时间和精力。我们要做的就是，把更多的注意力给到真正在意我们感受的、真正重要的人身上。

延伸阅读

《积极心理学》中推荐了一些良好沟通策略：

- ☆听的时候，只倾听不判断。
- ☆保留自己的观点和情绪。
- ☆总结一下所听到的内容。
- ☆检查结论是否准确。
- ☆说之前，想清楚自己到底要表达什么。
- ☆将观点条理化。
- ☆将观点清楚地表达出来。
- ☆确定对方听明白了自己的观点。
- ☆不带情绪，不加指责，准确、清楚地阐明自己的意见。
- ☆必要的时候将观点重复一遍。

作为一度害怕出门的社交恐惧症患者、一个标准的“内倾型”人格拥有者，我要在这里向内向者以及轻微社交焦虑者分享一些社交认知小技巧，方便大家进行心理建设。

你并没有那么重要

在社交场合，每个人的关注点都在自己身上。然而，除非你是场内唯一的大明星，或者对其他人非常重要，否则，你的举动和言语上的尴尬都不会被别人过多在意。不要因为自己可能出现的不完美而过度紧张焦虑，并在事后不断反刍、懊恼。

再重申一遍，在社交场合，每个人的关注点都在自己身上。那些看起来充满魅力的人，也许此刻和你一样，也正在担心别人的看法。我们都不要对自己太苛刻。

他人不是地狱，他人只是他人

作为一个存在主义哲学迷，“他人即地狱”一度是我中学时期的座右铭。这也导致我很长一段时间里都条件反射般地排斥社交，排斥接触不熟悉的人。

后来我意识到，大多数人与人相处时产生的矛盾，都是源于本能的控制欲。很多时候，我们认为是“地狱”的“他人”并没有存心伤害你，只是没有按照我们的预期存在而已。

武志红所说的“巨婴”大概也是这个意思——婴儿与世界的相处模式是，通过哭喊来要求别人满足自己的欲望。所以，对于巨婴来说，一旦对方没有达到自己的预期，那么对方做的就是错的。但是，没有谁愿意被不设边界地控制，所以一味地按照自己的预期来要求别人必然会引发很多矛盾。

当我们心里没有了“他人即地狱”的预设，在社交场合更多地关注别人的独特时，社交也会变得没那么可怕。

不要试图控制别人的想法。“我希望他喜欢我，他如果不喜欢我就是伤害了我”，这就是一种试图控制的心理。每个人都有权利喜欢你或者不喜欢你，这是他们的选择，和你无关。你如果在意，就去尝试寻找原因，如果真是自己有问题，那就在以后的生活里多加注意；如果不是你的问题，那就随他们怎么想吧。时间有限，精力不值得耗费在那些不喜欢我们的人身上。

对他人充满敌意和哀怨并不能解决问题，把他人看作地狱，只会加剧你的糟糕情绪，并影响你对人、对积极关系的享受与信任。

从无关紧要的闲聊开始“社交脱敏”

对于非常害怕社交的人来说，从不重要的闲聊开始“脱敏”是让社交变得没那么可怕的关键。

很多不喜欢社交的人，总会放弃日常的社交，“硬着头皮”去参加那些非去不可的社交活动。然而这些活动往往非常关键，甚至可能直接决定你的人生走向，一点细小的错误都容不下，长此以往，反而会加重你的社交负担。

所以想要克服社恐，可以先从不重要的闲聊开始。比如和出租车司机、理发店小哥、电梯里的邻居偶尔说上一两句话，让自己逐渐脱离对他人的恐惧和排斥。这些闲聊可以帮助你积累经验，即使表现不佳也不会让你有太多负担。

社交之前不要过度准备

很多市面上流行的社交指南会告诉我们，在开始社交前，我们要准备好台词、打扮得正式好看等等。而对于社恐患者来说，这些都是进阶性的技巧。当你连“与人打交道”都觉得困难的时候，进阶性技巧只会消耗你的注意力，让你更加疲惫。

我们可以尝试在日常的社交训练中脱离那些过度的准备，只需让自己外表干净整洁，没有负担地与人沟通，以最自然的状态去参与活动。你会发现，你在松弛中变得更自然、更真诚了，也因此减轻了社交的疲惫感。

使用“合理情绪疗法”分析自己社交之后的感受

社交结束之后，使用第二章提及的“合理情绪疗法”，将自己的情绪写下来做分析。再遇到同样的情况时，我们就不会被自己的错误信念牵引了。

（四）如何治愈原生家庭留下的黑洞

相信很多朋友都听说过社会学中“原生家庭”这个概念。它是指儿女未成婚前与父母生活在一起的家庭，也就是一个人出生和成长的家庭。而成年后与伴侣建立的家庭则被称为“新生家庭”。

与父母的相处方式会潜移默化地影响一个人成年后与新生家庭的相处模式，也会在某种程度上塑造他与外界的相处模式。

不记得在哪里看到过一种说法：很多中国家庭都由一个焦虑

并充满控制欲的母亲、一个缺失的父亲和一个茫然的“巨婴”孩子组成。

在我看来，形成这种家庭关系的原因大概如下：

传统的父权式思维，使得母亲很早就放弃了对自我价值的聚焦，试图通过家庭实现价值，但这种放弃仅仅源自社会风潮、父辈压力和环境制造的惯性思维，并不是内心的真实需求。因此，多数母亲在放弃自我实现的同时是带着巨大的牺牲感和不情愿的。

而这种家庭中的父亲，在思维上依然保留着父权的残余，想要通过家庭成员和外界的尊重来建立自己的价值。在“妇女能顶半边天”之后，中国大多数家庭都是双职工式，不像日韩很多家庭都由丈夫赚钱、妻子持家。父亲在现实中无法从家庭内部获得期待的价值，成为焦虑的母亲控制下的一个“家庭事务责任人”，因此选择逃避。

孩子则成为母亲通过家庭实现价值的工具，在没有独立意志的时候被母亲按照自己的意愿和缺失塑造，承担了一部分母亲自我实现的需求，扮演了一部分缺失父亲的角色，成为家庭的一个创可贴和螺丝钉。所以当孩子的自我意志建立之后，他既渴望远离家庭，又从心底依附于家庭，时刻处于无法决策的被动与矛盾之中。

生活在这样的家庭里，维持联结的更多是传统的义务、责任，家庭成员作为个体，个人的需求不太容易被看到、被在意，接收到的信息更多是被要求、被牺牲。这样的家庭内部很少有真实的爱意流通，缺爱的相处模式也会被带入新生家庭中，代际轮回，造就了很多不快乐的小孩子。

我们该如何应对原生家庭的问题？父母造就的相处模式是无法

改变的吗？该如何与常常冲突的父母沟通？这里给大家一些建议：

首先，不要把原生家庭当作“痛苦之源”，而是要把它当成你了解自己行为和处事模式的信息来源。

豆瓣有个小组叫作“父母皆祸害”，汇聚了很多人在原生家庭和成长过程里积累的创伤与痛苦。有很多朋友自从听说了“原生家庭”这个词后，就开始将自己的一切失败都归因于原生家庭的养育方式，常常对父母充满怨恨。实际上，这种处理方式只会加剧原生家庭的矛盾对家庭成员的影响。

世界上没有一百分的父母。我上心理学课的时候，老师也说过，作为心理学专业的人，本以为自己可以在育儿过程中，避免出错，但即使掌握了再多知识理论，在与孩子相处的过程中，也都没有办法避免做出可能会对其造成创伤的事情，有很多时候自己也会非常沮丧。

心理学专业的老师在具备专业知识的情况下都没有办法做到一百分，我们大多数人的父母又怎么可能避免原生家庭带给孩子的阴影和创伤呢？况且，在父母的成长过程中，也许经历了更多比我们严重的心理冲击，他们也没有办法从自己原生家庭的阴影里走出来，更不用说避免给孩子带来阴影了。

所以我才要强调这一点——分析原生家庭对自己的影响，并不是为了抱怨和指责父母的教育方式，他们能将我们养大成人已经是尽职尽责了。我们回望原生家庭的成长经历，更多是为了寻根溯源，去分析和了解自己的心理机制，修补潜意识里的阴影与漏洞。这是为了让我们成为更好的人，而不是让我们和家人都活在对过去的怨恨中。

我母亲就对这种事情很敏感。我每次问起自己小时候的性格、经历，她都会认为我是在暗戳戳地表达对她的不满。所以每次讨论这些问题前我都会一再强调："我只是为了找到自己的问题，让自己变得更好，并没有任何不满或抱怨。"

第二，试着自己抚育自己。

当我们回溯了自己的成长经历，了解到如何形成了当下的防御机制和性格之后，可以尝试着按自己期待的方式弥补欠缺。

比如，我是个从小很少受到表扬的孩子，所以也习惯性地害怕犯错，对自己格外严格和挑剔，这使我很不快乐。当我意识到这一点后，就时常学着表扬和鼓励自己。不需要多么大的成就，即使是做了一顿好吃的饭、弹了一首好听的曲子、唱功进步了一点点、房间整理得舒适好看，我都会不遗余力地自我表扬。虽然有些时候显得特别滑稽可笑，但有意识这样做时，我都会让内心那个完美主义的自己变得温柔一些、松弛一些。这确实能够让紧绷的自己变得更自在、更快乐。

不管在成长中你经历了什么，试着先从学会善待自己开始，这样才能有力量善待他人，并因此获得更多的善待。内在力量的充实才是我们填补心中裂痕、弥补童年阴影的前提。一味地向外在、向父母索取，不仅容易期待落空，还会让我们变得更贪心、更空虚、更没有力量。

第三，回忆来自原生家庭的美好体验。

我们总是习惯性地看到问题、麻烦和糟糕的体验，容易聚焦于内心的痛苦、孤独和不幸的遭遇，而这也是人们不容易感到幸福的重要原因。

其实，原生家庭在塑造我们性格的过程中一定也带给了我们很多馈赠。我们需要专门静下心来，或者和父母一起，去回忆成长过程中那些开心的瞬间、温暖的时刻。我们要去关注自己性格中的闪光点，然后回忆它们是由哪些成长经历塑造的。

这样的回忆可以让我们不再将原生家庭污名化，能够真正客观地看待自己的成长、优势与弱点，也可以让父母更多地感受到我们对他们的理解和感恩。

第四，正视原生家庭可能带给你的影响。

我们可以从以下六个方面向自己提问，发掘原生家庭对自己的影响，然后正视这些影响，更客观地看待人事物以及人与人之间的关系。

☆我的家人是怎样面对压力的呢？我自己也是这样吗？

☆在夫妻相处上，我的父母为我做出了什么榜样？

☆我在原生家庭中扮演什么角色？我是习惯做决定，还是听从别人的带领？这对我的婚姻生活有什么影响？我与配偶的角色是否有弹性，能够因环境的需要而调节？

☆我的家人怎样看待现实，是悲观还是乐观？我的原生家庭中有没有一些价值取向是我一直奉为金科玉律的？这与我配偶的价值观有冲突吗？

☆我有什么行为、态度或想法是刻意与原生家庭相反的？是想要摆脱父母的某些负面影响吗？我有没有留意这些行为有时候会矫枉过正？

☆在我的原生家庭中，我倾向于效忠谁？这对我的婚姻有什么影响？婚姻遇到问题时，我是否会找其他家庭成员组成联盟？

第五，将冲突转化为理解，将怨恨转化为爱。

很多朋友面对原生家庭问题，最大的困扰就是无法和父母沟通："为什么他们不能改变自己的教育方式？为什么他们不听我说话？为什么父母这么固执，控制欲这么强？为什么他们不爱我？"

其实很多时候沟通中出现这样激烈的矛盾与冲突，并不是因为没有爱，而是沟通方式出了问题。

我们常常过于直接地从自己的需求出发，试图控制对方，让对方按照自己的意愿行事，并常常认为这是为了对方好。比如有些父母，常常期待孩子可以好好学习、好好工作、好好找对象、乖乖生小孩。对他们来说，孩子就像是"人生作业本"，不同的年龄阶段就需要完成不同的作业内容，如果没有完成就是对父母的不顺从、不孝顺。而有些孩子则希望父母能够尊重自己，给自己足够的空间，但又没有办法彻底放弃父母提供的帮助，一直徘徊在独立与依附之间。

双方都有自己的立场，双方都有自己的诉求，在这种情况下该如何沟通呢？

好的沟通中，很重要的一点就是，要把情绪和真实的诉求区分开来。

在第二章中我们讲到了"杏仁核劫持"，也就是当外部刺激进入大脑后，情绪化的反应比理性的思考来得更快。而当我们在与人沟通的时候，如果试图让对方按照自己的意愿行事却不能如愿，往往就会导致情绪化。这种时候我们沟通的内容已不是具体的诉求，更多是互相之间的情绪冲突。

比如，当父母不希望我们做某些工作、某些事情的时候，他们的真实诉求其实是希望我们获得更稳妥的生活，但如果没有很好地沟通，诉求就容易被表达为："你这个不孝的孩子！"同样，当我们希望父母给我们更多空间和自由的时候，其实是期待父母能够好好享受自己的生活，不要太为我们的生活操心，结果却往往表达为："你为什么一定要控制我！管好你自己不可以吗？"

这就是被杏仁核控制的双方之间的战争。

好的沟通，需要先让杏仁核冷静下来。不要用情绪沟通，但可以先沟通一下情绪，具体可分为以下几步：

沟通情绪

我现在的感受是什么？我为什么会有这种感受？

（比如："我现在很生气，我需要平静一下，因为你说的某一句话让我不舒服，希望我们以后不要再说这样难听的话了。"）

分析原因，寻求理解

我们为什么会发生争吵？

这次争吵是因为什么？你希望我做什么，我希望你做什么？你为什么希望我这么做？我为什么不想这么做？我们是否能试着互相理解？

探讨解决方法

有没有大家都能接受的办法？如果没有，接下来怎么做可以让大家都舒服？

实际上，对于大多数家庭来说，融洽的关系、相互的支撑、和睦的相处都是成员们希望获得的。所以当我们与父母沟通时，需要先共同认可和明确这个目标，然后彼此包容、相互理解，想办法并肩朝一个方向前进。

第六，明确良好的亲子关系样貌。

《积极心理学》一书中提到，良好的亲子关系，需要父母满足孩子以下的常规需要：

☆ 安全需要：避免孩子发生意外，培养孩子应对挫折的能力和愤怒管理技能。

☆ 照顾需要：给孩子提供食物、居所和情感支持，培养孩子的依恋、共情和理解能力。

☆ 控制需要：为孩子订下明确的规则和限制，并进行监督，予以奖惩。

☆ 智力开发需要：在亲子交流和互动中提供与孩子年龄相符的挑战。

要让孩子形成安全的依恋模式，父母必须对孩子的安全需要和照顾需要保持敏感并积极予以满足。

第七，不要把过去当借口，专注于可以改变的事情。

我们常常陷入一种困境：父母不能理解我们，所以我们不能修复内心的黑洞。自认为带有童年创伤的我们，似乎只有让父母认错、内疚，人生才会有起色，痛苦和性格困扰才会减少。

这种想法只是在为自己的不开心找借口。

过去是不可能改变的，对过去的回溯只是为了让我们探究根源、理解自己，而不是去向过去问责。

成年之后，我们能够做的是与过去的自己和解，对父母有更多的了解，然后从过去走出来，逐步建立一种与自己、与家人更合理的相处模式。这种新模式的建立更多基于彼此的理解，需要大量的沟通，也需要有足够的耐心去接受过程中的冲突与摩擦。这需要双方都有足够的意愿和同理心，并不是了解了原理就可以一下子拥有完美的关系和生活。不要相信幻觉，好的生活必然需要持续的积累和精进。

（五）如何去爱

观看影视剧和阅读文学小说时，开着上帝视角的我们都会立刻毫不留情地指出角色的毛病和问题，但回归到自己身上，当我们需要去处理感情问题的时候，却总会不受控制地去误解、猜疑、迷惑、控制、冷战，时常做出些伤害感情、伤害爱人的事情。

原因是什么呢?

除了很多时候我们受制于自己的情绪，也就是被杏仁核绑架从而失去理性思考的能力之外，一些在成长过程中养成的固定应对模式会让我们自动化地处理关系。也就是说，有些事情即使我们清楚“怎么做是对的”，也很难按照对的做法去行动，因为它们超出了我们习惯的行为方式，或者说远远在我们的舒适圈之外，让我们没有勇气和能量去做。

\ 1 /
美好的爱与依恋是什么样的

一般来说，良好的成人依恋主要体现在以下三个方面：

☆有亲密接触的意愿，在长时间分离时会体验到焦虑。

☆在有压力或感受到威胁时，会向依恋对象寻求支持。

☆能从依恋对象处获得安全感和自信心，帮助自己建立起对外界事物更为开放的信任感。

我曾经写过一首歌，描绘了我认为最理想的“付出之爱”，这首歌叫作《我所谓的爱》。双方都拥有付出爱的能力，才能建立理想中互相滋养的依恋关系。

我愿穿过冷漠人群　牵起你那落空的手
光阴像流萤飞绕你不愿被模糊的面孔
想代替你去疲惫　多么欣赏你的坚定
繁星般闪烁不停闪烁温柔的眼睛

愿做你的爱人　你的朋友　你的孩子和你的母亲
愿做一个卫兵　守护着你那么易碎的璀璨心情
愿给你时间　给你空间　给你不被打扰的宁静
如果你说冷　那么请问可不可以与我相拥

当我想起你的时候　糟糕的情绪都散去
面前的阴暗和尖利　都变成明亮与善意
那些面目可憎的浑蛋　此刻也显得有些好看
你看看你啊是个奇迹　把整个世界都改变

我是你的爱人　你的朋友　你的孩子和你的母亲

我是一个卫兵　守护着你那么易碎的璀璨心情

愿给你时间　给你空间　给你不被打扰的宁静

如果你说冷　那么我们何不就此静静相拥

你是我的朋友　我的恋人　我的孩子和我的父亲

你是我的英雄　拯救了我那么珍贵的温柔心情

你给我时间　与我相伴　给我不怕孤独的平静

如果我说冷　那么请问可不可以与我相拥

\ 2 /
成年之后的依恋类型

之前讲到了原生家庭，实际上原生家庭对我们最大的影响就是在某种程度上塑造了我们成年之后的依恋类型[1]。而很多时候，正是依恋类型决定了我们习惯的、舒适的关系处理模式。

儿童在成长过程中，将他们对世界的认识、理解，与他们和养育者的关系模式联系在一起，形成了不同依恋类型。研究认为，孩子身上表现出来的依恋特征，成年以后仍然会显露出来。所以成年人也具有与儿童类似的依恋特征分类。

根据玛丽·安恩沃斯的“陌生情境研究”，儿童的依恋分为以下三种：

1　这一有关依恋的理论首先由英国精神病学家约翰·鲍比提出。1969 年，鲍比关于依恋的三部重要著作的第一部问世，它阐述了婴儿与照顾者之间的联系，该观点具有划时代的意义。——作者注

A 型：焦虑－回避型依恋

拥有这类依恋的儿童，在陌生情境中，母亲是否在场对他们的探究行为没有影响。母亲离开时，儿童不表现出明显的分离焦虑；母亲返回时，也不主动寻求接触，甚至当母亲接近时反而会转过身去，回避母亲的亲密行为。在忧伤时，陌生人的安慰效果与母亲差不多，儿童不表现出明显的陌生焦虑。

B 型：安全型依恋

这类儿童在陌生情境中，会把母亲作为“安全基地”，去探究周围环境。母亲在场时，他们主动去探究；母亲离开时，则产生分离焦虑，探究活动明显减少。他们忧伤时容易被陌生人安慰，但母亲的安慰更有效。母亲返回时，他们会以积极的情感表达依恋并主动寻求安慰。即使在忧伤时，也能通过与母亲的接触很快平静下来，然后继续探究和游戏。

C 型：焦虑－抗拒型依恋

这类儿童在陌生情境中，难以主动地探究周围环境，而且探究活动很少，表现出明显的陌生焦虑。在母亲离开时相当忧伤，而重逢时又难以获得安慰。实际上，这类儿童抗拒母亲的安慰和接触。他们的行为表现出一种愤怒的矛盾心理，对母亲缺乏信心，不能把母亲当作“安全基地”。当母亲返回时，他们拒绝去探究，仍表现出明显的焦虑不安。

如果把 B 型依恋（约占 70%）称为安全型依恋的话，A 型（约占 10%）和 C 型（约占 20%）则可以统称为不安全型依恋。三类依恋之间的区别不在于程度的强弱，而在于质量的高低。显然，B 型依恋的质量高，而 A 型和 C 型依恋质量低。

在孩童时期与养育者建立起来的依恋关系基础上，加上各种各样的人生经历，才会形成支配一个人认知、情感、行为的控制体系，也就是我们所说的“人格”。

研究表明，能够建立稳定舒适的依恋关系的成年人，更多是成长阶段就能够建立“安全型依恋”的儿童。

对原生家庭的分析、对依恋类型的了解，有助于我们看清楚自己习惯的关系模式。这也可以帮助我们修改一些影响行为的核心信念，让我们不要总是被习惯带领着，去做伤害关系或者伤害自己的事情。

这样，针对依恋类型，我们可以适度地提醒和改善自己在与他人相处过程中惯性的应对模式，也可以提醒伴侣，建立更好的关系互动模式。

比如，针对“焦虑 - 回避型依恋”的伴侣，你需要提醒自己多去关心对方的感受，不要过分自我中心。你需要适度减少一些独立性，多一些合作与互动，拉近彼此的距离，让对方不会感受到太多冷淡和疏离。

而针对“焦虑 - 抗拒型依恋”的伴侣，你则需要更多地将注意力放到自己身上，不要过分关注对方的行为举措。你可以培养自己的独立性，寻找独特的兴趣和喜好。

\ 3 /

双方的意愿

大多数情感专家、婚恋导师、征婚广告都容易给人一种误导：建立好的关系，需要首先寻找到一个好的人。

然而，任何一段关系都是由双方共同建立的，关系的好坏也取决于双方。如果渴望建立一段美好的关系，不仅要看对方，自己也需要有足够的准备和能力去经营。

一项以关系稳定的情侣或夫妻为对象的研究，发现了良好关系中最普遍的互动模式有如下特征：

☆ 双方彼此尊重、包容，做出承诺。

☆ 把积极行为归因于性格。

☆ 把冲突聚焦到具体的问题上，解决问题而不是进行指责。

☆ 积极互动多于消极互动。

☆ 关系出现裂痕后迅速修补，容易原谅彼此。

☆ 理解并利用男女交流模式的差异。

☆ 了解并努力照顾对方作为亲密伴侣、家庭角色的需求。

☆ 双方情商高、情绪稳定、“宜人性”强。

如果我们多以此建立自己的行为方式，一定会让关系往好的方向发展。

当然，稳定而互相滋养的关系需要持续、有规划的经营，需要一系列目的积极的行为。那么，该如何去建立这样的情感联结呢？

有利于增强亲密关系的行为	不利于增强亲密关系的行为
伴侣双方在寻求了解对方和被对方了解的过程中步调一致。	伴侣双方在寻求了解对方和被对方了解的过程中步调不一致。
伴侣双方都用获得的信息来增进感情。	伴侣中的一方或双方不使用在了解彼此过程中获得的信息，或者用信息来伤害对方。
伴侣双方接受他们所了解的信息，并尊重对方。	伴侣中的一方或双方对所了解信息的接受度很低，对另外一半也不够尊重。
伴侣双方有意愿无限期地继续专注过程，从而使得彼此的思想、感情和行为协同。	伴侣中的一方或双方没有意愿参与总体的专注过程，或者只是偶尔参与——双方很少有同步性和协同性。
伴侣双方能及时发展出“自己是特别的”以及被欣赏的感受。	伴侣中的一方或双方不能发展出“自己是特别的”以及被欣赏的感受。

资料来源：C.R. 斯奈德、沙恩·洛佩斯著《积极心理学——探索人类优势的科学与实践》，人民邮电出版社，2013 年。

通过上方表格中几种利于或不利于增强亲密关系的行为，我们可以看到，一段理想的亲密关系的建立，其实是双方意愿的结合。

\ 4 /
培养专念

“丰盛的关系”是指在伴侣双方的协同努力下持续变得更好的一种关系。用心经营的感情健康而持久，而这种经营需要一系列的积极行为。艾奥瓦大学的社会心理学家约翰·哈维将这一过程称为“专念”（Minding）。

专念是“人们互相了解的过程”。约翰·哈维和他的同事们提出了“专念关系的五成分模型”，它包含以下这些连续性的步骤：

了解和被了解

关系中的每个人都必须想要了解对方的希望、梦想、恐惧、脆弱和不确定性。每位伴侣也都必须监控自己的表达和对方的自我表达之间是否平衡。

对行为做出促进关系的归因

把积极行为归入特质性原因，把消极行为归入外部的、情境性的原因，这是理解对方行为最具适应性的方法，即凡事往好处想。

接受和尊重

需要一种同理心联结和精细的社交技能，接受彼此的优点和弱点是很必要的。

保持专念的互惠性

双方都要主动参与并投入能够加深关系的想法和行为，这对于维持良好的关系很必要。若是一方缺乏参与的意愿，另一方会有挫败感或藐视感。

保持专念的连续性

亲密成熟的感情也需要计划和策略。经常留意彼此的目标和需要，才能发现在专念过程中哪些因素起作用，哪些因素不起作用。

专念是一种可以培养的技巧，它能够让伴侣双方获益良多。

本章总结

陷入社交恐惧

分享了“社交”对幸福感和身心健康的影响，以及良好的关系有哪些特点。

内向不好吗

分享了不同性格的特质以及将性格劣势转化为性格优势的方法。

良性沟通的秘诀

分享了一些良性沟通技巧，帮助我们训练和实现更有效、更温和的日常沟通。特别介绍了一些针对社恐患者的社交小技巧，帮助缓解焦虑，享受社交的乐趣。

如何治愈原生家庭留下的黑洞

分析了原生家庭中普遍存在的一些问题，分享了修复原生家庭创伤的方法。

如何去爱

分享了良好依恋关系的特质，以及如何用一些积极心理学技巧实现对爱与依恋关系的建立、修复和维系。

你是我的朋友　我的恋人　我的孩子和我的父亲

你是我的英雄　拯救了我那么珍贵的温柔心情

你给我时间　与我相伴　给我不怕孤独的平静

如果我说冷　那么请问可不可以与我相拥

——《我所谓的爱》

第六章

冲刺：我想要开心地工作

要想拥有幸福的生活，必然无法绕开占据了我们日常生活很大比重的“工作”。

工作注定是辛苦而恼人的吗？有没有令人快乐的工作方式？

让工作变得愉快不是一件容易的事，但你付出的努力将得到超乎想象的回报。

（一）工作为什么不快乐

我们常常爱说这样的话：“等我……我就……”比如：“等我赚够钱，我就好好享受生活。”“等我财务自由，我就去周游世界。”“等我成功，我就可以尽情开心了。”

我们都认为开心是努力之后的奖励，是付出许多东西之后才换来的。甚至很多人会认为，在成功之前我们没有资格开心，但在我看来，这些都是我们对开心的误解。

实际上，只有处在积极情绪里的人，才有更好的状态和能量去创造、去前进、去完善。

开心是努力的动力。它不是我们的目标或结果，而是帮助我们达到目标的工具和手段。它是一个动机、一种可以在当下就建立好的积极状态。维持一种充满能量的状态，会使你更容易获得冲出困境、打破乏味的力量。

我们把开心和成功的顺序搞反了，于是“努力”就成了一件特别辛苦的事情。这不仅影响了我们做事的效率，也直接降低了我们日常生活的质量。

一起看一下“工作不快乐”的死循环是如何形成的吧。（同样的原理也适用于“学习不快乐”。）

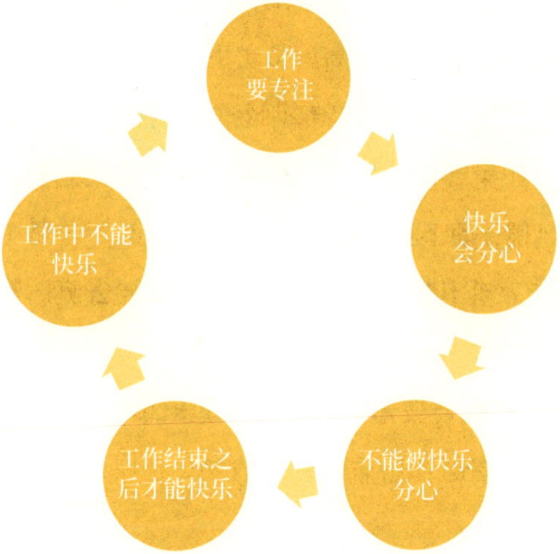

“工作不快乐”循环图

为什么会出现这个死循环呢？有两个原因。

首先，很多时候，我们混淆了“快乐”和“享乐”。

我们习惯性地认为只有享乐才能制造快乐，而工作和学习不是享乐，所以不可能快乐。这种误解导致我们只要一面对工作就会条件反射般地产生反感，享乐的时候又会因为想到工作中的问题而无法尽兴，有的人甚至会在休息时有负罪感。

把快乐和享乐混淆，让生活和工作互相碾压，导致我们既不能尽兴地工作，也不能尽兴地玩耍，不管是忙碌还是休息，都会感到疲惫。

其实，快乐不仅源于享乐，也源于自我实现和成就感。而所谓成就感，也不仅仅来自赚大钱或收获功成名就的人生，同样可以来自“每天的一点点收获”。

我们常常因为媒体的夸张渲染，以及励志书和影视剧的过分美化，而把快乐的标准定得太高。事实上，并非只有横跨苍穹的完美半圆才称得上彩虹，夏日午后草坪上，水管喷头处巴掌大的七彩光斑也是彩虹。如果我们把快乐的标准定得太高太完美，人生很可能会“只经历风雨，看不到彩虹”。

生活实苦，就不要吝惜给自己快乐，就要去随时随地感受细微的美好和小小的进步。在成为“人上人”之前，如果无止境地沉溺于“苦中苦”，可能会被无尽的苦难彻底压倒。

在我看来，李诞那句非常流行的“开心点儿，人间不值得”也有这么一层含义。

“工作不快乐”死循环形成的另外一个原因是，**我们容易把快乐看成一种会影响工作效率的情绪。**

之所以会有这种奇怪的认知，是因为我们从小接受的来自学校和父母的教育都在强调“延迟满足”。“延迟满足”是指人甘愿为了长远结果放弃即时的满足，是忍耐与自控力的综合呈现。

对于尚未建立自控力的儿童来说，适度的延迟满足可以培养他们的专注与耐心，使孩子学会暂时放弃眼前的诱惑，克制玩耍的欲望，为了长远目标而忍耐坚持。

但多数情况下，父母和老师会把握不好延迟满足的度，容易无限地夸大吃苦的意义，压抑孩子的欲望。很多家教严格的孩子甚至会认为快乐是可耻的，或者在达到完美之前没资格快乐。

其实，完美并不存在，这种错误的认知只会让我们没办法坦然体会快乐。

快乐实际上并不会影响工作和学习的效率。多数时候，积极的情绪反而对提升效能、发掘潜力有极大的推动作用。

影响效率的是分心和拖延，而导致拖延的一个原因是，我们认为需要去做的事情是痛苦的、有压力的。趋利避害是人的本性，当我们认为一件事情是可怕的、痛苦的，我们自然会选择去做更容易的事。

于是分心、享乐、做更轻松的事情成了我们的第一选择，真正重要的事情则被我们抛在了一旁。长远来看，因为重要事情的拖延，我们最终只会获得更多的不快乐。

要改善拖延，最重要的一步是，不把要做的事情想得太可怕。

那么，我们该如何应对看起来不轻松但非常重要的事情呢？

我们可以通过自主设计，让做事的过程变得快乐起来。快乐不仅是结果，也不仅是前提，它可以持续存在于整个努力的过程中。游戏之所以好玩，是因为奖励及时，玩家随时拥有愉悦的体验和升级的反馈。所以游戏的设计非常符合积极心理学中的“心流原理”——将快乐代入努力过程。

如果可以随时看到彩虹，就没必要给自己强加风雨；如果看不到彩虹，也可以试着去欣赏雷雨的凄美与壮丽，去感受阳光铺在面庞上的温度。艰辛的过程、重复的日程以及不时到来的瓶颈期，一定没有最终获得成就的那一瞬间来得灿烂耀眼，但如果把目标定小一点，把步骤拆解开，把小问题的解决都当作成就，艰辛的过程也可以是愉悦的。

重要提醒

为什么我在这本书里不提倡“痛苦导致成功”呢？

人的行为都是由外部刺激激发的，痛苦确实可以激发我们的潜能，让我们发掘自己的可能性，但问题是，下次如果我们还需要激发这样的潜能，就需要经历同样程度的痛苦。过大的压力和情绪负担对身体是有害的。

人与人不同，承受能力也有着先天差异。磨难也许会让一些人重生，但也会给另一些人带来不可逆转的伤害。谁都没有权利以“为你好”的名义给他人的生活制造磨难。

（二）提升自我效能感

令工作快乐起来的原理与游戏的原理一样，就是让人们得到即时反馈。对我们大多数人来说，最主要的反馈就是金钱，但大家也知道，工作不是中彩票，我们的付出和努力很难一下子获得金钱上足够的满足。如果想收获更多的愉悦，我们就需要在工作中建立更多引发愉悦的反馈。这就涉及个人主动获取，它是建立在“自我效能感”的基础上的。

自我效能感更多是指“合理的自信”——相信自己的能力足够激发潜能。合理的自信能够促使我们更好地行动。

哪些方法能够提升我们的自我效能感呢?

第一，想象成功的状态。

我们可以幻想自己已经非常成功，这样的喜悦可以强化我们做事情的能力和动力，积极的情绪状态也可以反过来影响我们的自我效能感。当我们提高了效能感，自信心和动力就会增强，甚至连走路也会变快。

人体是一个复杂的系统，它会习惯性地为外在表现找原因。如果你表现出非常强烈的自我效能感，那么大脑就会自动将之解读为你真的拥有这方面的能力。所以说，如果每天都做出成功的样子，成功可能就真的会慢慢靠近你。

第二，寻求支持。

寻找可以互助的社会资源，它们能够与你目标一致，协助你发挥自己的能量，实现自己的愿望。

第三，进行模拟推演。

我们可以通过想象来模拟各种解决问题的途径，从而使自己进入一种最佳的心理状态。做这种思维模拟，其实也是给自己积累成功体验的一个过程。

第四，累计成功。

从细小的进步和成功开始，不断提升自己的信心，不断地鼓励和肯定自己，用一种可量化的方式来累计自己的成功，在这个过程中逐步提升自我效能感。

第五，提升执行力。

把一些特别宏大、困难、抽象的问题，化解成一些具体、可执行、容易完成的小步骤和小目标，逐个击破，并给自己设定即时反馈。

还有一种提升自我效能感的方法，就是和积极的人在一起，把高效自信的人当作自己学习的榜样。

（三）在工作中建立“心流”

你一定有过这样的感受：当你在做一件喜欢的事情时，会忘记时间的流逝，会忽略掉周围的人事物，全身心地投入到这件事情里，甚至会忘记吃饭喝水，忘记疲惫。在整个过程中，你全身心地投入，充满了愉悦感。

对于大部分人来说，最常拥有这种感受是在玩游戏的时候，很多人也会通过阅读、运动、极限挑战、听音乐、绘画等事情获得这种体验。

记得2017年春节，我没有回家，也没有出门旅行。在空空荡荡的北京，没有任何工作负担的我，突然就决定画一幅水彩画。我在中学时因为兴趣短暂地学习过绘画，虽然后来因为学业繁忙放弃了，但是一直非常喜欢握着笔在纸上描绘的感觉，特别是因为这件事和我的现实生活没有什么直接的关系——它不影响我音乐作品的认可度，不像我在写歌时，会因为别人的期待给自己提出很多要求，徒增许多压力；它也并不是我完全不能掌握的事情——我有一定的技能基础，也喜欢做这件事，所以画起来并不费力气。

因此，每当提到“心流体验”，我都会回忆起那个春节，我在房间里画了几天水彩画：调试颜色、润湿画纸、打稿、勾边、描绘……画出来的画一点儿不专业，也没想过要给任何人看，我只是享受那种在白纸上构造梦中城堡的私密愉悦，那种油然的喜悦每次回忆起来都会让我嘴角带笑。

美国南加州克莱蒙特研究生大学的米哈里·契克森米哈赖教授在20世纪70年代发现了“心流”状态，认为处于这种沉浸状态中的人会产生“flow”。清华大学心理学系的彭凯平教授将它翻译为“福流”，我们也称之为“心流体验”“最优体验”。

当一个人处于心流体验中时，他会发自内心地去做当下的事，充分发挥优势并不断享受反馈；会在这个过程中产生控制感和满足感，忘掉自我和时间。

\ 1 /
在工作中引入“心流体验”的三个前提

有没有可能在日常生活及工作中引入心流的运作机制，让自己在面对任务和挑战时也尽量保持心态的愉悦呢?

对于大多数现代人来说，主要的生活压力都源于工作。我们需要靠工作来换取收入，因此即使工作中有很多我们不喜欢的事情，我们也不得不忍受。我也是如此，哪怕我的职业是我热爱的，但当一首作品被反复要求修改，或是一次表演的准备时间有限，需要立刻登上万人舞台时……压力和焦虑都会从四面八方涌来，我并不比大家在朝九晚五的工作中面临的压力小。

那么，我们该如何化解这些压力呢?有没有办法让心流的机制介入，改善我们在面临这些挑战时的体验呢?

契克森米哈赖教授指出，职场心流体验出现的前提是：

☆ 人们对工作有掌控感。

☆ 工作允许人们运用娴熟的技能完成具有挑战性的任务。

☆ 工作有明确的目标和频繁的反馈。

如果我们想在自己的工作中制造更多的心流体验，**首先需要对工作具有掌控感。**

在我的理解中，这种掌控感在于：我们能够在一定程度上掌握自己的工作内容和走向。也就是说，我们被分配的工作任务，依靠专业的投入和付出就能够完成，而不会因为太多不可控的外在因素，比如公司决策的频繁变动、人际关系的复杂，导致我们的投入泡汤。

这一点也说明，进入一个正常的、付出与回报比例相对合理的团队是非常重要的，这直接影响到我们工作的幸福指数。

当然，如果不得不在一个人际关系比较复杂的公司或团队工作，我们也可以尽量培养自我的觉察，远离那些不可控的人和事，试着学习与人交流的智慧，用有效的沟通稳定失控的局面。

可以确定的是，加入职场斗争只会让工作失控，并严重降低工作效率和幸福感。复杂的斗争会引发每一位参与者的不安全感，而这种不安全感则会使我们失去对工作的掌控感。即使有人因为偶发的胜利获得一点儿短暂的回报，这种回报也是偶然的、不稳定的。

这样的“企业文化”使我们丧失了让工作愉悦的首要前提，也会让我们失去在工作时进入心流状态的可能性。

让工作进入心流状态的第二个前提是：**工作允许人们运用娴熟的技能完成具有挑战性的任务。**

首先，我们的工作需要有一点儿挑战性，最好不要是极其枯燥、流程重复的。我们的工作内容要有一定的创造性，给我们成长空间，随着经验和技能提升，我们可以获得更多的机会，创造更大的价值。那些日复一日的重复作业，因为没有足够的提升空间和创造力，比较难形成心流状态。

如果正处于重复而枯燥的工作中，我们就需要尝试在其中寻找提升技能的机会和上升空间，主动寻找更多的可能性。

同时，我们的技能也可以驾驭工作带来的挑战，也就是说我们的技能适合这份工作并可以提升工作成果。

我想到了一个自己的例子。

2018 年我举行过两次跨界的爵士乐专场演出。虽然都是音乐，但爵士乐是我从来没有尝试过的风格。爵士乐的演唱方法、与爵士乐音乐家的合作以及即兴创作都是我之前没有熟练掌握的事情。所以，虽然这两场演出是让我非常兴奋的挑战与机会，但当我真正开始做准备的时候，工作中的压力和焦虑感就出现了。

而与我合作的爵士乐音乐家们却无时不处在一种自在的演奏状态中，单是观看他们的演奏与排练都是一种享受。他们那种投入的姿态、流露出来的喜悦感、弹奏出的音符带给人的听觉体验，都彰显着标准的心流状态。

我与他们之间的不同在哪里呢？就是我缺少让工作进入心流状态的第二个前提：工作允许我运用娴熟的技能完成具有挑战性的任务。对于大家来说都是工作，但之于他们，爵士乐是更能掌控的音乐类型，心流体验就更容易被激发；而对于我来说，零基础筹备一场爵士乐演出，如果没有系统的训练并投入足够的精力进行排练，一定无法驾驭，也很难从一开始就有心流的愉悦感。

所以，非常重要的一点就是：如果想要在工作中轻易地体验到心流，我们就必须掌握与工作内容相匹配的技能。

因此很多工作都需要前期的培训，技能类职业则需要一段枯燥而长久的“刻意训练”。这种训练的过程必然是重复的、无趣的，直到你的“业务能力”能够驾驭你的“业务内容”，你才能体验到工作的乐趣。在心流体验下，所有的职业都类似于一种“演奏”——旁人看我们工作，就像我们欣赏音乐家的表演一样，从内到外都是愉悦与享受。

但是，必须先熬过一段不算愉悦的“刻意训练”或“经验积累”。

这对所有人来说都是一样的。

知道这一点，我们就会对刚开始工作时的积累阶段没有那么多抱怨，也会更积极地投入其中，因为它对每个人都很公平——没有积累和训练，大家都很难提升应对工作挑战的能力，也就更难获取工作时的愉悦了。

那些在公司体系里获得稳定提升的人，都是实力和工作内容相匹配的人。否则，即使获得了很好的机会，没有能力去驾驭，也只会徒增工作的压力和焦虑，导致最终无法把握机会。

回到刚才讲的爵士乐演出。因为不擅长爵士乐风格，我投入了很多时间和精力去筹备，但即使这样，第一场演出的效果依然不是很好，结束之后我很是难过了一段时间。

但是它给了我很多爵士乐现场演出的经验，包括与爵士乐队即兴配合的经验，所以第二场演出很顺利地完成了，现场的观众反馈也很不错。

当然，作为演唱者，我自己体会到的愉悦远没有和我合作的音乐家们多。现场许多精妙的演奏和美好的气氛也有赖于他们精湛的技艺和舞台表演。感谢这个世界上每一个为提升技能投入时间和专注力的人，当他们向大家展示这些优秀的技能时，带来的便是真正的心流体验，向我们展示了超脱于日常焦虑的美好。

这种美好不仅仅体现在音乐演出中，也体现在每一个工作场合。一场酣畅淋漓的商业谈判、一个精妙绝伦的广告创意、一桌美味的盛宴、一次完美的团队配合……每一位专业人士在自己岗位上展示的技能和智慧，都是日常生活中的美妙演奏，汇成了这个世界上无时不在响起的生活交响乐。

在工作中制造心流体验的最后一个前提是：**工作有明确的目标和频繁的反馈。**

这与上文提及的“游戏引人入胜”的原理一样——我们付出的

时间和精力能够让我们直接积分或升级。好的工作机制也是如此，能够让能力强的人、投入多的人获得相应的即时回报。

但是，工作并不是游戏，奖励和报酬机制取决于很多因素，回报也不可能像游戏那样明确，每分每秒都有反馈。所以我们人人都会经历工作倦怠期：提升空间不明显，回报不及时，这使我们对工作失去了兴趣和热爱，完全建立不了心流体验。

该如何应对这种局面呢？

我的方法是，自己为自己设计反馈。

这种反馈和奖励并不见得是即时可视的，但放在时间轴上，它们是有效的，能够让我们看到长期回报。这就等同于让自己从追逐奶酪的小白鼠变成了设计迷宫的实验者，不再被“失去眼前的一块奶酪”过多地影响情绪，而是把更多的注意力放在迷宫出口巨大的奶酪和寻找出口的过程上。

我们先确定那个长远的目标，然后将回报平分到每一月、每一周、每一天，设定一些象征性的节点来犒劳自己每个时间段的成就，不要等到最后才给自己积极的反馈。

这种自我奖励并非阿Q精神，它不是空想，而是让我们在更长的时间线上看到自己具体的进步。这种奖励也是为了时刻提醒我们、告诉我们那些投入并没有被白白浪费，它们指向了更长期、更稳定的回报。

\ 2 /
在工作中引入“心流体验”的两个条件

当然，在工作中要构成真正的心流体验，还有两个非常重要的条件。

第一个条件是：**保持挑战和技能的平衡。**

也就是说，我们设定的目标难度不能太大，不能超出我们的能力范围太多。

如果设定我们用尽全力也无法完成的工作目标，那只会徒增自己的压力，自然也很难形成心流。而如果挑战太小、目标太容易达到，又会失去那种自我超越的愉悦感，工作变得无聊，也没有办法形成心流。

要想达到这中间的平衡点，我们需要更了解自己的能力，同时有一定的勇气和好奇心去接受挑战。只有这样，我们的工作和日常才能真的像打游戏一样，不断升级，不断出现新鲜事物，同时又不会让我们充满无法化解的压力与焦虑情绪。

另一个重要条件是：**动机和反馈最好是“内在动机”和“内在反馈”。**

就像我们的“好心情游戏”一样，要想开心地努力，首要前提是，这件事情是你自愿参与的，这趟旅程是你发自内心想要开启的，你是真的希望自己变开心，这一点很重要。如果你自己一点儿也不喜欢，却要装作很开心的样子，工作是不可能为你带来心流体验的。

很多人在拥有选择的自由之前，很难发自内心地热爱当下的工作，特别是当工作中有很多自己并不感兴趣，却不得不处理的琐碎事情。

如果我们想要在这种情况下进入心流状态，需要一个很重要的思维转化，就是将动机和奖励都从“外在”转化成“内在”，将目标从诸如“一个月的薪酬提升”转为“一年之后个人能力的提升”。当我们处理琐碎事情时，要及时反馈和总结经验，将所有的挑战都看作能力的锻炼，这样，无论是业务能力还是处理人际关系的能力获得提升，都会鼓舞到我们，因为我们知道，这些都会在日后的工作中转化为实际反馈。

当挑战无法避免，那就去消费挑战、享受挑战，像玩游戏一样解决难题、闯破关卡。这既是一种积极主动的心态，也是拥有能力者的表现。

延伸阅读

心流体验的原理也可以应用到选择工作和管理团队上。

塞利格曼在《真实的幸福》中将这些产生心流的条件与个人优势结合，总结了“如何选择以及转化工作才能产生最多的心流”：

☆找出你自己的优势。

☆选择可以每天让你使用到这些优势的工作。

☆转化你目前的工作，使你的优势发挥出来。

☆如果你是老板，请选择个人优势与工作需求相匹配的人；如果你是经理，给你的员工空间，让他们可以在你的目标范围内自己做决定。

（四）培养觉察能力

为何什么都没做却总感觉自己浑身疲乏、效率低下？

到底是什么造成了我们“低效高耗”？

很多人说，现代人最缺乏的就是专注力。我们失去了专注的力量，花费了很多时间在社交媒体、胡思乱想，以及应付焦虑恐惧等消极情绪上。大家总是说，要提高专注力、自控力，就要锻炼强大的内心，要自律，要自我约束。

但实际上，比专注力和自控力更重要的，是自我觉察的能力。

\ 1 /
是什么让我们时常感到筋疲力尽

我们无法专注和自律，是因为我们失去了对自己身体和头脑的控制权。即使我们一再地给自己下指令、打鸡血、讲故事、建立惩罚或奖励机制，头脑却在我们不曾察觉的情况下按照自己的方式消耗精力。

这也就是第二章中讲到的大脑“自动导航”：明明手头有非常紧迫的待办事项，有渐渐逼近的截止时间，但是身体却在不受控制地打游戏、刷微博、看视频，这些娱乐活动此时并不能给你带来愉悦，甚至会让你充满负罪感，但你就是停不下来。

这个时候，我们的身体失控了。它就像一辆自动导航的汽车，自行驶向其他目的地——距离我们设定的目的地越来越远。通过上一章的分析，我们清楚地知道，之所以有糟糕的感受，多数时候是因为我们对事情的解读方式太消极了，但在情绪失控时，我们就是会止不住地去想糟糕的事情，止不住地想象不自律可能导致的可怕后果，直到筋疲力尽。

那么，精力都去哪里了？

精力都被头脑的“自动导航”耗尽了。

最可怕的不是头脑会“自动导航”，而是我们时常意识不到它在“自动导航”。

我们嚷嚷着要有自控力，要自律，要积极，要消灭拖延症，但同时，我们脑内的汽车已经在疯狂地奔驰，耗尽了每天清晨加满的油量。当我们喊完口号，真正开始做事情的时候，才发现今日的能量份额已经耗尽了。

\ 2 /
如何消灭筋疲力尽

所以，一切能力的基础都是“自我觉察”——能够意识到自己的头脑在“自动导航”，然后让脑内的汽车慢慢地停下来，把每天固定份额的能量用到真正需要的地方上。

而正念是将道理运用到实践之中的关键桥梁。它让我们的头脑、认知能够和身体、行为真正协调配合。

如同你渴望拥有一具健康的身体，就需要按照科学的方式坚持锻炼一样，你渴望拥有能够让自己幸福的大脑，也需要坚持正念冥想，让自己的意识与身体联结，让思想真正践行到现实生活中。

除了遵循“正念认知疗法”，我也总结了一套很蠢但是很实用的方法，来一秒钟找回自己在生活中的觉察力。

我会在疲惫、困倦、茫然的时候问自己这个问题：

我在干什么？

然后，尽快写下这些问题的答案：

我在做什么：

我在想什么：

我原本应该做什么：

为什么没做这件事：

我的身体有什么感受：

我的情绪有什么感受：

要很认真地在纸张或者电脑上写下上述问题的答案。回答这些问题的过程，就是让觉察力回到你脑中的过程。附赠的测试本中也给你留了书写的位置。

比如，有一天我的工作计划是完成五千字的文稿，但是我迟迟没有动笔。于是我开始思考那个问题——我在干什么？

我在做什么：我在电脑上浏览网页。

我在想什么：跟着浏览的页面思考，看到很多热点新闻，评价这些新闻，沉浸在八卦里唏嘘感叹。

我原本应该做什么：写稿。

为什么没做这件事：感觉很累，集中不了注意力，控制不了自己。

我的身体有什么感受：身体很不舒服，颈椎疼，头疼，打不起精神。

我的情绪有什么感受：情绪很焦虑，因为知道还有任务没有完成。

这个时候我就需要针对这些回答给自己一个诊断了。

虽然任务并没有完成，但是我的"自动导航系统"一直都在耗油——浏览网页和八卦并没有让我得到休息，反而情绪不断被调动，消耗了很多能量，所以我才会感到浑身疲惫，再加上一直保持着同一个姿态浏览网页，我的颈椎酸痛。没有去做真正重要的事情，也让我的情绪一直处于焦虑的状态，消耗了更多的能量。

所以，接下来我要做两件事情：

首先，做 15—20 分钟的正念冥想，让大脑休息一下。

其次，做 30 分钟左右的运动，让身体从僵硬中舒缓过来，缓解疲惫。

现实中，当我们想要从"逃避性娱乐"制造的疲惫里挣脱出来时，往往会认定：我好累，我今天不能做事了，我要看个电影。然而这样做只会加重我们身体的僵硬和心理的负担，并进一步诱使我们陷入过度疲惫的恶性循环中。

（五）如何对抗拖延

\ 1 /
拖延症是什么样的

蒂姆·厄本在 TED 的经典演讲《你有拖延症吗》中，使用过一个非常有趣的比喻。他说，对于有拖延症的人来说，脑内除了理性的“决策人”，还有一只“及时行乐的猴子”，这只猴子千方百计地抢夺你大脑的方向盘，教唆你放弃重要的事情，先去娱乐、享受。

在这场注意力抢夺的比赛里，一旦猴子胜出，它就会把你带到一个“黑暗的游乐场”。在这个游乐场里，虽然你一直在玩耍，却充满了内疚、自责、焦虑和不愉快，这就是多数拖延症患者的常态。拖延症的不快乐来自慢性的压力和焦虑的情绪，我们并不是没有娱乐的方法，也不是不会娱乐，但因为重要的事情还没做，所以没法从娱乐中获得油然的快乐。

蒂姆·厄本在演讲中说，实际上，每个人脑中都有这只“及时行乐的猴子”。人人都有拖延症，只是程度不同而已。

\ 2 /
为什么会拖延

为什么我们特别容易在很多非常重要的事情上拖延呢？比如论文、重要的工作、考前的复习？

有一句话是这样说的：难做的事和应该做的事往往是同一件事。我们的大脑会自然地趋向安逸、舒适、好玩的事情，多巴胺制造的喜悦时刻诱导着我们朝那个方向前进，而大多数对我们来说真正重要的事情，都是比较困难、充满挑战的。

很多时候我们产生拖延的原因并不是我们不想做好，而是完美主义。我们对接下来要做的事情预期太高了，这导致我们非常害怕失败，迟迟无法开始。

比如说，大多数时候我们迟迟无法开始考前复习，并不是因为我们不想考好，而是我们害怕自己考不好。这种心理是：如果我没好好复习，那么考试没考好只是因为我没复习好；如果我投入地去复习了，依然没考好，那就只能说明我能力不行。在面对可能的失败时，大家潜意识里都希望自己是个“失败的聪明人”，而不是个“失败的蠢货”。

所以，当我们面临很多重要的考验时，严重的拖延只是为了避免面临失败。

这并不是你一个人的问题，而是一种非常普遍的情况。当然，这也是我们被大脑的“自动导航系统”控制的表现，我们对一个未知的结果产生了本能的恐惧。

\ 3 /
如何应对拖延

拒绝拖延最简单的妙招就是：5 分钟快速启动。

它与本书开篇提到的“15 分钟快速启动”类似，但 5 分钟的时长会让你的心理负担减小，自由空间变大。

很多时候我们面临一件事情而不愿去做，是因为这件事情的难度让我们的大脑害怕了，这种害怕会让我们进入一种不断螺旋式下降的情绪状态。

其实，无论你正面对多么大的挑战，无论你正处在多么糟糕的状态里，无论你身边有多少麻烦的事情缠绕，无论你有多少借口让自己拒绝行动，你都只需要告诉自己："嘿，不用太久，先开始做5分钟吧。"除了人命关天的大事，一般的杂事都可以等上5分钟——发微信、回邮件、做家务、打游戏统统可以5分钟之后再进行。

只要5分钟，从现实的惯性旋涡中跳脱出来，从大脑的"自动导航"中跳脱出来，开始做那件"无比紧急且重要，但被你拖延了很久的事情"。

一般情况下，在开始5分钟之后，你就会发现自己已经不再像之前那么抗拒这件事了。面对一项重要且棘手的任务，长期的拖延其实给你造成了很大的心理负担。然而，一旦你开始做了，哪怕只有5分钟，你都会发现这件事没有想象中那么难以下手，于是便会自然而然地继续面对它了。

（六）做起事情来毫不费力的办法

\ 1 /

把一部分生活固定

选择是一件相当消耗精力的事情，而我们每天的大部分时间都被持续的选择充斥着，它们不断地消耗着我们的精力。

回想一下我们每天都会面对的日常选择——

早晨闹钟响了之后的选择：

☆按掉闹钟接着睡还是现在起床?

☆再多睡 8 分钟还是 15 分钟?

起床后的选择：

☆先洗脸还是先叠被?

☆早餐吃什么?

☆穿哪套衣服，背哪个包?

☆出门打车还是坐地铁?

乘坐地铁通勤时的选择：

☆选择排哪一队比较快?

☆这趟地铁很挤，上车还是等下一趟?

☆地铁上看到熟人，打招呼还是绕开?

☆打开手机，刷微博还是朋友圈?

☆决定听歌，听哪一首?

☆快到站时车厢那头空出两个座位，坐还是不坐?

☆坐左边的还是右边的座位?

……

简单地举了几个例子，相信你已经意识到自己每天都在无意识中做出了许多选择。我们之所以常常觉得“什么都没做但是好累”，就是因为这些下意识的选择也在疯狂消耗着能量。它们就像开机后自动启动并占据了大量内存的后台程序，会让大脑的运行速度变得很慢。

这就是我们为什么要多建立一些固定的日常流程，并不是我们想要固化生活，而是想要从无关紧要却消耗能量的事情中解脱出来，把精力和能量用到有趣、有创造力的事项中去。另外，我们常说的“纠结”，即无法做出选择的状态，也会让人非常疲惫，因为做不出选择就无法行动。长久停滞在一个无效的状态中，会让大脑充满挫败感。

所以，让自己精力旺盛，状态更佳的两个重要方法就是：

第一，把一些不重要的日常流程固定，让选择变成习惯。

第二，已经做出的重要选择就坚持执行，不要反复摇摆、纠结，使其停滞。

我们要做的是在执行的过程中持续做出有效的判断，让事情向前发展，而不是不停地回到原点，质疑自己过去的选择，原地打转。

欧文·亚隆有一句话我非常喜欢：“使生活愉快的关键在于，先去选择必要的东西，然后热爱所选择的东西。”（《当尼采哭泣》）

不要觉得固定化的生活太死板。很多时候，将一些无关紧要的事情程序化，是为了有更多的精力去做真正有趣的事。

\ 2 /
让习惯来行动，而不是用意志力

无论是工作、学习还是自我更新，我们总需要和惰性做一些斗争。实际上，我们的大脑中每天都有“向上”和“向下”的两种力量在相互拉扯。随性的力量让我们趋向安逸，也就是待在舒适圈里；理性的力量让我们尝试改变，也就是跳出舒适圈。这两种力量背后，实际上就是情绪和理性在相互拉扯。

我们的生物机体习惯性地让我们保存能量，以应对突发的灾难。如果没有理性的控制，我们会胡吃海塞、昏睡终日，这是我们动物性的本能。你不会看到一只草原上的羚羊为自己制订营养健身计划，它每天在做的就是吃、寻找安全的栖息地、躲避危险，这些都是身体本能驱使它去做的事情。如果一只羚羊常年不用面对生存威胁，比如生活在动物园中，它也依然会按照身体的需求保持适度的运动量，所以很多动物有“动物园综合征”——不停地在笼子里转圈圈。

而理性则让我们意识到对生存的焦虑是无来由的，因为这些来自大自然的威胁在文明社会里几乎已消失了，但是过度的理性又会让我们的身体失去警惕，当危险突如其来时失去急速反应和抵御的能力。

情绪和理性都是重要的，缺一不可，但任何一方占绝对优势都是不安全的。

实际上，大多数的问题归结到最后，都是单纯的体力问题，包括心理状态。意志力也是一种体力。就像做一个动作需要我们控制肌肉一样，意志力也需要我们调动大脑中的各个部分完成。

所以，很多时候并不是我们意志不强大，而只是单纯地累了。无论是被大脑的“自动导航系统”悄悄消耗了“汽油”，还是注意力不集中，都是疲劳的表现。

强大的意志力，不是我们通过自责、内疚就可以建立的，而是需要综合的行动。

首先，让自己成为一个精力旺盛的人。

不要再仅仅为了减肥而保持健身习惯和健康饮食，我们首要的目标是让自己精力旺盛。大部分人无法坚持减肥并不是因为天生没有意志力，而是没有充足的精力来支撑意志。大多数的节食减肥会失败，是因为最后随着体力的流失，意志力也松懈了。

其次，把意志驱使变成习惯。

我们现在走路并不需要消耗意志力，但刚刚学习走路时，我们需要消耗很多能量和意念让自己迈出脚步。

如果我们想通过哪件事来改善生活状态，那就保持耐心，把这件事情变成习惯。

很多坚持健身的人并不是意志力强大的人，而是把健身变成了习惯，不健身会浑身不舒服，就像不刷牙会不舒服一样。

（七）自律的技巧：好习惯列表

其实，真正决定我们生活质量和效率的，不是自控力，而是我们的“自动行为”——那些不费力的习惯。

我们渴望获得好的人生，而好的人生实际上取决于我们的身体状态和精神状态。如果我们每天都状态积极、情绪饱满，困难也不会显得太难，人也会更有创造力。

所以在这里分享一些可以培养的晨间和睡前习惯。这些习惯难度不大，一旦养成，便能够帮助你获得旺盛的精力，建立充满动力和能量的生活状态。

\ 1 /
好的晨间习惯

第一步：唤醒自己的身体。

除了洗漱之外，做一些简单的活动来唤醒身体，是开启活力一天的关键。

不需要做专业而复杂的运动，只需要跳跃、小跑或者扭动一下身体。这样做是为了让你的身体活跃起来，进入一个比较兴奋的状态。实验证明，兴奋的身体能让头脑更清醒，记忆力和理解力都会变好。

另外，早晨起来记得多给自己一些笑容。

笑能让你的头脑以最快的速度进入一种好的情绪状态。大脑其实很好骗，即使现实中没有什么开心的事情，但只需要笑，头脑就会认为我们正处于开心的状态，也会因此分泌一些愉悦的神经递质，逐渐改善我们的情绪状态。

多笑、动起来，都是让我们情绪变好、状态兴奋的简单方式。

第二步：喝水，补充营养。

多喝水能够提升你的基础代谢水平，高的代谢水平能令我们精力更旺盛，身体机能更好，充满活力并保持年轻。（运动也是增强代谢水平很重要的方式。）

第三步：尽量少摄入碳水化合物，多吃蔬菜水果和蛋白类食品。

如果你期待精力充沛的一天，那早餐请尽量减少碳水化合物的摄入。能够分解为高糖的食品确实令人感到愉悦，但它们也会引发困倦，令人昏昏欲睡。建议多摄入膳食纤维类食品和蛋白类食品，比如果蔬汁、鸡蛋。

以上几步是帮助你开启精力旺盛的一天的最简单方法，并且都不是难以坚持的事情，很容易养成习惯。保持这些习惯，相信你很快就会拥有精力旺盛、心情愉悦的清晨，也会因此开启元气满满的一天。

\ 2 /
好的睡前习惯

第一步：远离手机、电脑等电子设备。

屏幕的光会让我们兴奋，同时抑制褪黑素的产生。

第二步：写下感恩日记或记录一天中的愉悦瞬间。

回忆一天中值得感恩的三件事，或者三个美妙的瞬间，为自己的快乐持续积攒能量。

第三步：让你的身体和精神松弛下来。

你可以做这些事：

☆点上令人精神舒缓的香薰或使用精油。

☆阅读文学作品，如小说、诗歌等能令情绪放松的作品。

☆听令人放松的音乐。

☆练习呼吸或冥想，做睡前瑜伽。

第四步：保证不被打扰的深度睡眠。

好的睡眠是保证第二天良好状态的关键。要维持良好的情绪和旺盛的精力，必须保证好的睡眠。

（八）45分钟工作法：专注的力量

\ 1 /
一个自由职业者的专注法宝

我们生活的这个时代最大的特点就是信息繁杂——资讯、娱乐方式都倾向于过剩。相较资源匮乏的时代，我们看似更容易获得快乐——网络上充斥着各种各样的段子，随处可见一串又一串的“哈哈哈”。短暂的快乐更容易获得了，但奇怪的是，它们带来的不是“稳定的快乐”，而是“稳定的疲惫”和审美疲劳。这些刺激并没有实质性地提升我们的愉悦感，反而导致我们对快乐的要求越来越高，神经越来越麻木。

所以，要想在这一片纷杂中获得稳定的快乐，我们需要具有以下两项能力：

第一，能从繁杂的信息、方法中挑选出适合自己的，找到能持续带给自己喜悦和成长的人、事、物。

第二，专注于这些人、事、物。

按照本书的脉络，读到此处，相信我们基本上已经找到这个阶段适合自己的事情了，但如何才能让这些滋养我们的事情融入我们的生活，持续增强我们开心的能力，而不再被繁杂的资讯拽入到“熵混乱”[1]中下坠呢？

毋庸置疑，“专注”是应对这一切最重要的能力，也是我认为能够有效对抗现代病，去经历更丰富人生的关键。

对于很多自由职业者、居家办公的人来说，与松散对抗是一件尤为重要而艰难的事情。

如果让工作日的时间白白荒废，那休息日也就失去了它应有的意义。有张才有弛，有紧才有松，如果每天都处在“松”的状态里，那松弛就失去了意义，反而会令你长期处于压力之中，失去了释放压力的机会。这会使你疲惫紧张，不管怎样休假、睡觉都很难迅速恢复满血的状态。

多数情况下，我们拥有很高的压力和焦虑指数，不仅因为我们不会努力，同样也因为我们不会休息。特别是自由职业者和个人创业者，因为时间可以自由支配，反而导致了最大的不自由。由于没有固定的上班时间，工作的时间可以用来休息，休息的时间也可以用来工作，没有严格的界限，就容易导致工作不专注、休息不彻底，从而长期处于疲惫状态。

作为一个10年的自由职业者，我既在这种自由中获得了很多灵感与创意，也养成了全年无休的生活习惯。对我来说，没有“下班”

1 熵是热力学中表示物质状态的一种参量，这里的“熵混乱”引申为事物的杂乱无序。——编者注的状态，甚至度假时都满脑子是创作和思考。对于这份职业来说，永远没有完美或收工的时候，永远需要更多的、更好的作品。

实在是太累了。

起初我还可以依靠体力和精力硬撑，直到有一天，当这种疲惫长期延续，我才发现很多时候，自己并不是没有时间和灵感，也并不是想要拖延，只是没有力气保持专注了。我这才意识到问题的严重性，也明白了一个道理：不会努力的人也一定不会休息。

如果你长期处于慢性疲劳状态，那么努力和休息都是你需要学会的事情。很多情况下，我们因为不努力、长期拖延，所以休息的时候也不坦然、充满愧疚。这两种状态必然互相牵扯，使我们进入精力匮乏和情绪消极的恶性循环。

而 45 分钟工作法，则可以帮助我们打破这个循环。

\ 2 /
45 分钟工作法

45 分钟工作法是我基于“番茄工作法”的一种自我尝试和延伸。它的时间分划更适合自由职业者，也适合有一整天时间可以自由支配的人。

它有三个特点。

第一，它的周期是“45 分钟 +15 分钟”，即专注和休息的时间加起来是 1 个小时。这非常有利于我们迅速规划一天的时间。

即使你起床的时间不固定，一天的工作有时候是从早上 8 点开始，有时候则是从早上 9 点半开始——无论具体时间为何，因为这种工作法的周期是 1 小时，你都可以一目了然地看到这一天自己的专注次数——你一共进行了几次 45 分钟的专注。

这样既可以很直观地看到你的工作周期，方便计算效率，也节省了很多做规划的时间，从任何一个时间点开始下一个小时的安排，规划出一天的专注与休息时间。

第二，它有严格的“工作”与“休息”时段划分。

如果你有一整天的时间可以自由支配，那么你可以按照 8 小时的工作时长，在这一天中为自己安排 8—9 次 45 分钟的专注，并在中间安排 1 小时的长休息。

这尤其适合解决自由职业者“创作无止境”的问题。如果你可以保证自己每天有 9 次 45 分钟的专注，就可以在这之后像一个下班的员工一样，坦然地出门运动、看电影，再也不需要在休息时段思考工作了。

在时间完全可以自由支配的“自由创作日”，我的时间就是严格按照这种方法安排的，在中午设定一次 90 分钟的长休息。它非常适合居家办公与自由职业者，能保证专注同时又不至于疲惫。

第三，它的时长分配更有利于学习、创作或者逻辑思维的训练。

番茄工作法的周期是“25 分钟工作 +5 分钟休息”，这种时间划分可以让你在任何情况下直接进入专注状态，不会用太多借口去拖延。25 分钟并不会耽误太多事情，即使还有其他安排，你也可以见缝插针找到专注时间。

但这种工作法更适合集中处理事务性工作，对于创作者或者需要用一长段时间专注学习的人来说，25 分钟有些短了，只够进入集中注意力或勉强找到创作逻辑的状态。

于是我开始尝试用不同的方式来安排自己一天的专注时间，通过实践，我认为“45 分钟 +15 分钟”或“50 分钟 +10 分钟”的时间安排更适合创作与学习。

随着这种安排变成习惯，我也会按照自己的任务量和精力去做时间或次数上的调整。如果有很紧急的交稿任务，我就会在 9 个专注循环的基础上再多给自己安排一些“加班”的循环，以督促自己完成任务。

另外，根据自己的专注能力和当天的身体状态，将“45+15”变成“50+10”或者“40+20”都是可以的，只需要保证周期长度为 1 个小时，方便计算专注次数，并可以在任何情况下随时启动。

\ 3 /
了解自己的“创作效率”

为什么我一直强调要“计算专注次数”呢？计算自己的专注次数有什么用？

实际上，了解自己的专注次数非常重要，因为了解自己的工作效率是时间管理和专注力练习中很重要的一环。

关于工作效率的计算，我之前的思路是，如果一天写了 5000 字，那么我一天的工作成果就是 5000 字。但这一天具体是怎么度过的？是睡了半天还是出门开了半天的会？这种计算方法并没有显示。

而在这种思路下，如果我没有完成 5000 字的写作任务，便会忽视一天的时间安排，只得到一个任务失败的结论，把问题归结在我的自控力或时间管理能力上，很容易累积挫败感。

但是如果使用 45 分钟工作法，我们就可以在一天的时间线上，一目了然地看到自己在每个时间段都做了什么。这样会带来两点好处。

第一，我们可以更合理地为自己安排任务。

如果这一天我写完了 5000 字，就可以立刻通过时间线看到自己是用了多少个 45 分钟完成的，也可以大概算出自己每 45 分钟完成了多少字。这样一来，即便没有一整天的自由时间，我们也可以为自己合理安排任务量。

如果每 45 分钟我可以写 800 字，而这一天只有两个小时的写作时间，那么我就会为自己安排 1500 字的任务量。

第二，我们更容易了解“时间都去哪儿了”。

通过清晰明了的时间线，我们可以清楚地看到自己没完成任务的根本原因——是临时有其他工作安排？还是因为过于疲惫睡了几个小时？或者是在工作时间做了别的事情？这样，我们会在下一次遇到类似情况时找到应对方法，不再将问题简单归因。

所以，我一般会在每次“45 分钟专注”的最后 5 分钟，大概记录一下我在这个时段的工作量。

了解自己每个时段的工作量，了解自己的工作效率，以后做工作规划的时候就不会出现任务过多或过少的情况了。这样既能对自己的工作进度有一个合理的预估，也会更容易达成目标，减少无法兑现的工作承诺。要知道，无法兑现的承诺既会让你对自己失望，也会损害你在别人心中的信誉，徒增很多愧疚和压力，害人又害己。

\ 4 /

"45 分钟 +15 分钟”的时间可以用来做什么

其实，“45+15”的时间安排，不仅适用于创作和学习，也可以根据其他任务去做具体分割。比如，你需要搬家、整理房间，或者练吉他、健身，都可以将任务安排到“45+15”的周期里。这样，你也会知道自己的一天是如何度过的。

下面是我的例子：

45 分钟的专注：

☆输出 / 创作

音乐 + 写作：意识流写作，认真写作，碎片积累，随意的旋律创作，动机整理。

☆输入

看书，分析作品，整理摘抄。

☆工作连击

完成必要的工作沟通和工作任务。

☆技能训练

完成必要的乐器学习、声乐技能训练，以及与“业务能力”相关的日常学习、练习。

15 分钟的短休息：

冥想，3 分钟呼吸练习，上厕所，喝水，跑步，遛弯，远眺，拉伸，瑜伽。

中间 1 小时的长休息：

吃饭，小睡，冥想。

结束工作后：

☆**纯粹休闲**

运动，看剧，看视频，刷微博，看小说。

☆**习惯养成**

练字，做饭，整理房间。

☆**生活规划**

制订旅行计划、社交计划、人生计划等。

☆**社交**

微信聊天，更新自媒体，约人吃饭、看电影、逛街。

\ 5 /
每天必备的 45 分钟梳理时间

对于创作者，或者每一个有独处和梳理习惯的人来讲，如果长期忙乱，没有时间来整理自己的思绪和收获，会有一种每天都过得浑浑噩噩的感觉。而对于我来说，这种混沌感会加剧我的疲惫。

在前文中，我们了解了 45 分钟工作法，但如果所有的时间都被安排得满满当当，该如何找到时间来梳理和静思呢？

我有一个习惯：即使一整天都排满了工作，我还是需要用至少 45 分钟的专注时间来梳理前一天的工作并规划当天的任务。

我会把这45分钟放在清晨，用来做自己的“45分钟晨间日记”。（如果早上的时间比较紧张或者不习惯早起，也可改为睡前做日记。）

日记一般包括三方面的内容：

即时反馈

总结前一天的工作和生活，为自己的努力做一个即时反馈，看到自己做了什么，有哪些具体的付出，细数或大或小的收获。

碎片整理

梳理一天记下的创意和灵感，为未来的创作做储备。

时间预览

在时间线上大概画出新一天的安排，了解新的一天要做什么。

剩下的专注时间，可以根据当时的具体状态用来规划、阅读、冥想、自我对话，或者寻找新的灵感、重新梳理生活方向。

这个方法适用于所有人。

对于有全职工作又想发展其他爱好的人来说，这45分钟也可以用来进行固定的技能训练。每天一个45分钟的积累，让我们对自己“积少成多”的过程可观可感。即使遇到瓶颈期，没办法精确直观地看到自己的进步，但通过时间的积累，我们至少可以看到自己的付出。

\ 6 /
坚持21天

虽然“21天养成习惯”的理论有待验证，但将21天作为一个训练周期，用三周的时间把“45+15”的循环纳入自己的日常生活中，至少可以被当作一种习惯养成的方式。

请在这 21 天内给自己设定一个大概的要求。

如果你是自由职业者，那就参考我一天的时间规划，从最少 9 个周期开始。随着习惯的养成，可以适度地为自己加量或改变时间分配。

如果你有全职工作或者还在上学，那就在早上或者晚上，至少为自己留出来一个“45+15”的周期做些事情，同时每天给自己一点总结和精进的梳理时间。也可以每隔一段时间，在周末或假期中找出不被打扰的一整天，按照我的时间安排试验一下这种工作方法。这一整天可以用来梳理规划、学习技能，或者精读一本你一直没办法集中注意力阅读的书。相信这样的一整天，会让你有一种焕然一新的感觉。

45 分钟的工作内容可以更换，按照你每周的重点来调整。

如果这周的重点是打扫卫生，那就安排 45 分钟的时间打扫；如果这周的重点是搬家，就划出 45 分钟来整理物品；如果这周的重点是写作，就用 45 分钟书写或阅读；如果近期你有想要学会的技能或者需要复习的知识，就用 45 分钟进行训练或复习。

在这 21 天里，建议你不断简化自己的启动流程，让自己可以最快地进入专注状态，最终能够不费力气地开始。

我的方法是，每天起床后用第一个 45 分钟来建立专注状态并写下晨间日记。如果需要一大早外出工作，我会让自己早起 45 分钟，保证第一次专注时间不被打扰。

找一个常用的时间规划软件，提前设定好“45+15”的周期，然后记录下自己的开始时间，一整天的工作就可以展开了。

我比较常用的手机应用是“潮汐”，因为它的界面比较好看，也可以挑选背景音效。我会用 iPad 上的软件来计时，然后把手机放到另外一个房间。

坚持 21 天之后，相信每天按照“45+15”的周期安排时间，就会变得像吃饭一样自然。

一旦它变成一个自然而然的习惯，对精力的消耗就少了，你就可以不费力气地按照当下的情况轻松调整。它将不再占用你的“规划时间”，而是直接成为你日常的一部分。

延伸阅读

下面是一些帮助你提升专注力的技巧：

☆对某个事物有足够多的兴趣。

☆减少环境中的干扰，比如少看微信、微博。

☆提早制订好一天的计划——总是考虑要做什么也会占用记忆空间。

☆短时间（例如 10 分钟）地休息。

☆调整好坐姿，松弛的坐姿会让人更专注。

☆听古典音乐，比如巴洛克音乐。

☆喝茶好过喝咖啡。

☆进行户外活动。

· 本章总结 ·

工作为什么不快乐

重新审视了“工作不快乐”死循环背后的逻辑，介绍了为自己做心理建设、应对不轻松但非常重要的工作的方式。

提升自我效能感

介绍了工作中非常重要的一种心理概念“自我效能感”，以及如何建立这种效能感。

在工作中建立“心流”

介绍了“心流”理论，分享了在工作中建立“心流”、提升愉悦感和效率的前提和条件。

培养觉察能力

分享了自我觉察能力对专注力、体力和精力分配的重要意义，分享了训练觉察力的方法。

如何对抗拖延

分享了拖延症的心理成因，以及一些改善拖延的方法。

做起事情来毫不费力的办法

介绍了将一部分日常流程固定的重要性，要将坚持变为习惯，形成肌肉记忆。

自律的技巧：好习惯列表

分享了良好的晨间习惯和睡前习惯。

45 分钟工作法：专注的力量

介绍了 45 分钟工作法的时间安排和优点，以及它该如何应用于具体工作。

不在乎太多得到的欢畅和失去的落寞

我知我喜乐　纵情跋涉　自有我应得结果

不想要太多浮夸的生活和盲从的飞蛾

我有我选择　有你懂得

何须全世界认可

——《笃信》

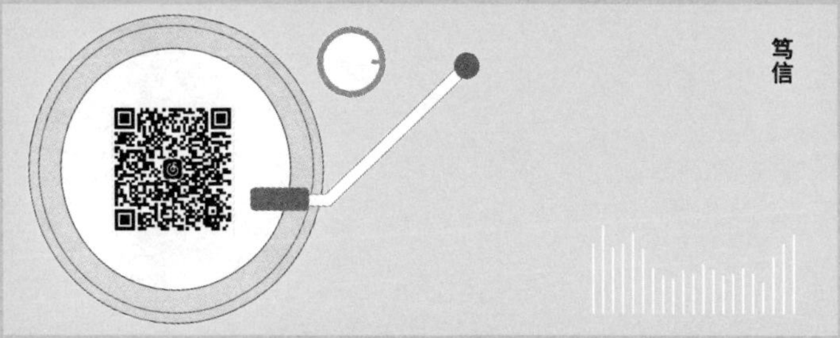

第七章 / 旅程的终点是什么

无论是一场“好心情之旅”，还是任何一个你期待的突破或改变，在让你的生活和状态变得更好之前，一定存在着困难和挑战，而你在克服了这些困难和挑战之后，也一定能得到收获。

所有的成长，无论是心灵层面的历练还是生活技能的获得，实际上都是微缩的“英雄的旅程”。

“英雄的旅程”是著名神话研究学者、作家坎贝尔在其著作《千面英雄》中总结出来的概念。他研究了无数神话传说的叙事，发现了一套适用于多数成长故事的叙事原理，这套理论将每一位英雄的冒险和成长总结为 12 个环节：

☆ 平凡生活，正常世界。

☆ 受到冒险的召唤。

☆ 对冒险抵触甚至拒绝。

☆ 受到启发或导师的鼓励。

☆ 勇敢踏出迈入非凡世界的第一步。

☆ 在外冒险，受到重重考验，遇到志同道合的伙伴。

☆ 跌入谷底，想要放弃。

☆ 严峻的考验：受到生死考验，强大的敌人占据上风，在所有希望丧失之时，爆发出本色力量，死而复生。

☆找到宝藏，获得利器、秘籍或财富。

☆满载而归，回顾历程。

☆重新开始生活。

☆在平凡世界里收获更好的自己和更好的生活。

有趣的是，坎贝尔的“英雄之旅”不仅适用于神话故事里历尽万难的英雄，从心理学的角度也适用于每一个普通人的成长。坎贝尔将荣格的分析心理学融入了《千面英雄》，这个叙事模板也正是荣格“自性化”[1]的写照。

我们可以通过这个模式来编写英雄故事、理解神话叙事，同样，也可以将这一理论套用到自己的成长中，试着去描述出自我成长的“英雄历程”。要知道，无论是改变世界还是改变自己，所有尝试都是一种勇敢的冒险，我们都是自己的英雄。

在这本书的终点，我的最后一个建议是——回顾你的“好心情之旅”，写下你这一路的英雄故事。

这是一场属于你的英雄游戏，创作它的第一步：你需要一张通关地图，也就是属于你自己的人生地图，是你对未来的一个大致规划。它的思考逻辑分为三个步骤：

第一步，我们先从一场宏大的旅程开始设计，想象自己要成为一个怎样的人，撰写一个属于你自己的奇妙故事。

---

1 “自性”是荣格分析心理学的核心，意为心灵的中心与整体。表达和实现自性完整性的过程就是自性化。——编者注

第二步，在这个宏大的故事中选择那个最关键的目标，做一个针对目标事件的规划。

第三步，将这些规划细化为每一天应该要做的事情。

现在，请以上面的思路，把你的人生规划拆分为：终身目标、三年目标和一年目标。以下是我的一年目标：

一年目标：

①**工作 / 成就：**《好心情手册》出版，创作 2—3 首单曲，学会基础音乐制作。

②**家庭 / 社交：**有稳定的亲情和友情，和可以深度交谈的朋友定期见面。

③**身体 / 精神：**坚持每周 2—3 次健身，大多数时候处于稳定积极的状态。

④**自我实现：**出版的书可以让读者的状态变好，我的音乐可以令人愉悦。

以此为例，填写你的人生规划吧：

终身目标：

①**工作 / 成就：**

②**家庭 / 社交：**

③**身体 / 精神：**

④**自我实现：**

三年目标：

①工作 / 成就：

②家庭 / 社交：

③身体 / 精神：

④自我实现：

一年目标：

①工作 / 成就：

②家庭 / 社交：

③身体 / 精神：

④自我实现：

重要提醒

为什么我们要先从较长的周期来规划人生呢?

因为上帝视角更利于看清问题，不会让我们像“迷宫中的老鼠”一样没有全局观。多数情况下，如果我们不从一个更广的视角去考虑问题，而是专注于即时享乐，那就会像迷宫里的老鼠一样被奶酪吸引着走进一条又一条死胡同。我们常常觉得老鼠好笑，鼠目寸光，十分愚蠢，但实际上，我们很多时候都在做着和老鼠一样的事情——悲伤的时候向爱人朋友无节制地发泄，无聊的时候“买买买吃吃吃”，为了让自己开心不停地看剧、打游戏，刺激自己分泌多巴胺。而做这些事情时，前方的陷阱和机关依然存在，严重的问题和急需处理的事情一直悬在我们头上。

所以，我们需要跳出来，在更长的时间轴上来看待自己的人生。这样我们就会更清晰地知道，哪些事情能够实实在在地通向更好的生活，而哪些事情虽然看起来有趣，却在消耗我们的时间和精力。

我们当然不可能永远拥有上帝视角，也不可能毫无差错地径直找到迷宫出口，过程中也一定会因为疲惫而由着性子跑去享乐，这是人之常情，不需要过分责备自己。我们只是需要为自己建立一张相对清晰的长线思维蓝图，当我们的人生陷入颓废、茫然的状态时，能够借助这张蓝图，跳出来看一看自己走到了哪里，该如何从目前的困境中脱身。

另外，很重要的一点是—制订计划不是为了框住自己，所以要给计划留出“宽容空间”。

要知道，大多数人的计划都不能严格执行，并不只是因为他们自控力低下。

我们总是会错误地估计自己的效率和注意力的持久度，环境的不确定性也一直在影响着我们的行动。所以，我们写下长期的目标，并不是为了用一个死板的尺度框定我们的进度和完成日期，而是为了让我们在原地踏步或者后退时，能够依然面朝那个正确的方向，而不是费尽力气原地打转。

“初心”也是这个意思—你出发时想要到达的地方，有你最渴望拥有的东西和能够最大程度带给你愉悦与成就感的目标。

在规划出一年、三年和终身的目标之后，我们要开始回答以下问题，通过具体的故事进程形象化地看到自己在现实世界中的挑战与成长。

平凡生活，正常世界：

现在的你有哪些困扰，哪些优势，哪些欠缺？

受到冒险的召唤：

什么原因使你想要改变现状？

对冒险抵触甚至拒绝：

有哪些事情阻挠你展开行动？你最大的阻碍和担忧是什么？

受到启发或导师的鼓励：

有哪些人给了你启发、激励，或者你看了什么书和电影，听了什么音乐，让你开始期待改变？

勇敢踏出迈入非凡世界的第一步：

你决定开始这趟改变自己的旅程了，那么，把迈出第一步的时间、地点写在这里吧！

时间：

地点：

在外冒险，受到重重考验，遇到志同道合的伙伴：

迈出第一步之后你首先遇到了什么困难？有哪些人在那时给了你支持与帮助？

跌入谷底，想要放弃：

你面临的最大挑战是什么？在什么情况下你想过要放弃？

严峻的考验：

你凭借什么从谷底走了出来？想象你真的需要在一场游戏中复活，你认为自己是凭借哪些能力和优势复活的？

找到宝藏，获得利器、秘籍或财富：

经历了严峻的挑战后，你认为自己最大的收获是什么？可以是现实经验、内心成长等所有有形或无形的资产与收获。

满载而归，回顾历程：

目标实现之后还有什么危机或不足？而那些经验与收获又将如何持续在你的生活里发挥作用？

重新开始生活：

经历这趟旅程之后，你的生活发生了哪些改变？这些改变又将如何延伸出更多的价值？

在平凡世界里收获更好的自己和更好的生活：

旅程结束了，一切新鲜的体验已成为日常，你又想要展开哪些方面的新探索呢？

一切理论都是灰色的，唯有生命之树常青。

——《浮士德》

写在最后

旅途结束，再见啦

纵观全书，这趟“好心情之旅”背后的逻辑，或者说每个人变开心的逻辑是——

第一步：我想要成为一个怎样的人？

第二步：我渴望过上怎样的生活？

第三步：我可以通过哪些事情来成为这样的人、获得这样的生活？

第四步：诚实地回答自己，我是否有能力实现这些事情？

第五步：依据自己的价值观做出判断——做这些事情是否真正能令我收获长远的开心？

然后，用以下方式去主动、积极地执行：

☆利用优势。

☆让自己保持状态的积极（通过健身、冥想等）。

☆养成习惯，而不是依赖意志力，在一些重要的事情上逐渐让自己不费力气（将部分日程程序化）。

☆和情绪友好相处（提升大脑的积极率）。

☆尊重自己的基本价值观，学会取悦自己，收获自得其乐的性格。

☆专注于能够令我们发挥优势的事情。面对打乱我们节奏的事情，在负责任的前提下找到好的解决方法，慢慢远离。

☆学会合理的自我放纵（建立个人滋养清单）。

☆好好沟通，建立互相滋养的关系。

☆在生活、工作的各个方面寻找平衡（收获蓬勃的人生）。

那么，本书最初设定的三个目标，你实现了吗？

目标一：稳定情绪曲线，提升幸福基准线

请再次画出自己的“情绪曲线”，坚持记录至少三天。把你的各项得分标注在坐标系里后，再计算一次你的幸福基准线得分。

请在你的“好心情之旅测试本”第5—12页中完成。

目标二：成为一个“自得其乐”的人

综合前几章的内容，像我这样，在“好心情之旅测试本”第28页中的表格里进行自我梳理和定义：

姓名：邵夷贝

优势：学习能力，理解能力，创造力

已经拥有的技能：几门擅长的学科，音乐、独立思考的能力

弱点：体力弱、注意力容易被干扰

好习惯：45分钟工作法，正念冥想

坏习惯：拖延、兴趣过度广泛

优势、能力和好习惯带给我的可能性：我有足够丰富的知识储备，有很好的理解能力、文字表达能力和演说能力，有音乐人的专业技能，可以创作综合的创意作品

近来确定的目标：成为一个有理论支撑的创作者

为了达成这个目标，我可以使用哪些优势和能力：学科知识、理解力、表达力、创造力

目标三：获得蓬勃的人生

“蓬勃人生”的核心特征是：

☆ 拥有积极情绪：总体而言，你觉得自己很幸福。

☆ 能够专注投入，拥有兴趣：喜欢学习新事物。

☆ 有明确的意义和目的：通常会觉得自己的行为是有价值的。

蓬勃人生的附加特征是：

☆ 自尊：通常自我感觉良好。

☆ 乐观：总是对自己的未来持乐观态度。

☆ 拥有复原力：身处逆境时，不需要很长时间就能恢复。

☆ 具备活力：精力旺盛，知道“怎么玩”。

☆ 自主：有对前进方向的信念和坚持。

☆ 拥有积极关系：在生活中，有人真正关心你。

按照上述 9 个条目，逐一在书中找到对应的章节，总结一下自己是否已接近了蓬勃人生的状态。

如果没有，还有哪些欠缺？

最后，在四个维度的靶心图上再标注一下你此刻的位置。

身心

（你此刻身体状态和情绪状态的好坏程度）

很不好 1 - 2 - 3 - 4 - 5 - 6 - 7 - 8 - 9 - 10 **非常好**

境遇

（你对此刻生活现状、外部环境、现实遭遇的满意程度）

很不满意 1 - 2 - 3 - 4 - 5 - 6 - 7 - 8 - 9 - 10 **非常满意**

认知

（面对生活中重大的突发事件和剧烈变化，你倾向于积极地解读并迅速疏解情绪，还是悲观地解读并花很长时间理解和接受）

消极悲观 1 - 2 - 3 - 4 - 5 - 6 - 7 - 8 - 9 - 10 **积极乐观**

价值

（你是否清楚自己喜欢做什么，是否已经在做能实现自己价值的事情了）

不清楚，没在做 1 - 2 - 3 - 4 - 5 - 6 - 7 - 8 - 9 - 10 **很清楚，在做了**

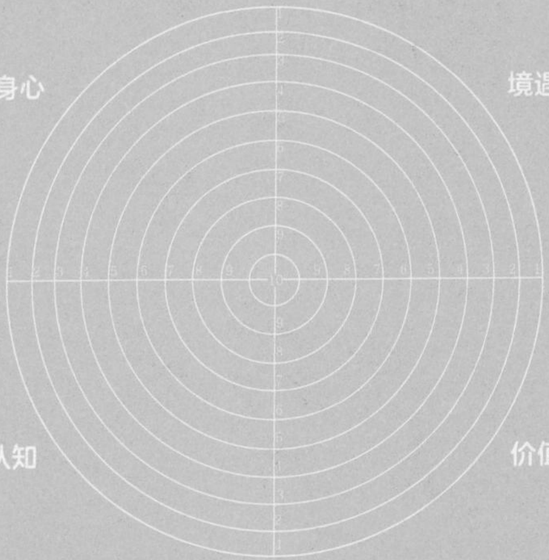

此刻，“现实中的你”与“理想中的你”、“现实生活”与“理想生活”之间的差距还有多少？你的身心、境遇、认知、价值四个维度是否平衡？

“好心情之旅”就是协助你建立稳定的理想状态，并平衡生活中这几个维度的旅程。接下来的人生历程中，也需要你继续在这种平衡和锚定的方向上努力思考，将这些工具用到习惯，再让习惯改变你的人生。

参考书目

1、罗斯·哈里斯著，祝卓宏、张婍、曹慧等译《ACT，就这么简单！接纳承诺疗法简明实操手册》，机械工业出版社，2016年。

2、C.R.斯奈德、沙恩·洛佩斯著，王彦、席居哲、王艳梅译《积极心理学——探索人类优势的科学与实践》，人民邮电出版社，2013年。

3、约翰·蒂斯代尔著，聂晶译《八周正念之旅——摆脱抑郁与情绪压力》，中国轻工业出版社，2017年。

4、芭芭拉·弗雷德里克森著，王珺译《积极情绪的力量》，中国人民大学出版社，2010年。

5、马克·威廉姆斯、丹尼·彭曼著，刘海青译《正念禅修——在喧嚣的世界中获取安宁》，九州出版社，2013年。

6、马丁·塞利格曼著，赵昱鲲译《持续的幸福》，浙江人民出版社，2012年。

7、艾伦·卡尔著，丁丹译《积极心理学——有关幸福和人类优势的科学（第二版）》，中国轻工业出版社，2013年。

8、加布里埃尔·厄廷根著，吴国锦译《WOOP思维心理学——开启梦想与成功的秘密》，中国友谊出版公司，2015年。

9、邵夷贝著《我站在蚂蚁这一边》，江苏文艺出版社，2012年。

10、约瑟夫·坎贝尔著，朱侃如译《千面英雄》，金城出版社，2012年。

情绪日记

当产生失控情绪时，请在下面的表格中记录你的情绪变化。它有助于你快速冷静，重回理智。

日期：____ 年 ____ 月 ____ 日

发生了什么事情：

我的感受是什么：

产生了什么情绪：

该用怎样的方式疏解：

日期：____年____月____日

发生了什么事情：

我的感受是什么：

产生了什么情绪：

该用怎样的方式疏解：

日期：____ 年 ____ 月 ____ 日

发生了什么事情：

我的感受是什么：

产生了什么情绪：

该用怎样的方式疏解：

日期：____ 年 ____ 月 ____ 日

发生了什么事情：

我的感受是什么：

产生了什么情绪：

该用怎样的方式疏解：

情绪打分表和曲线图

连续三天为自己的情绪打分，并将结果标在空白坐标轴中。在结果之间连直线，即可得到你的情绪曲线。

日期：

中午

加分项（+1）	第一天	第二天	第三天	减分项（-1）	第一天	第二天	第三天
我特别愉快				我非常疲惫			
我非常专注				我有些焦虑			
我发自内心地笑				我感受到压力			
我感受到爱与关心				我情绪非常低落			
我喜欢自己的生活				生活没有有趣的事			
共计得分				共计得分			

	第一天	第二天	第三天
总分 >			

临睡前

加分项（+1）	第一天	第二天	第三天	减分项（-1）	第一天	第二天	第三天
我特别愉快				我非常疲惫			
我非常专注				我有些焦虑			
我发自内心地笑				我感受到压力			
我感受到爱与关心				我情绪非常低落			
我喜欢自己的生活				生活没有有趣的事			
共计得分				共计得分			

	第一天	第二天	第三天
总分 >			

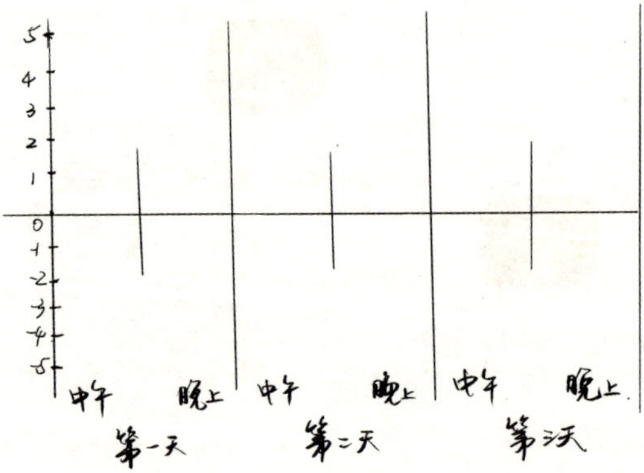

日期：

中午

加分项（+1）	第一天	第二天	第三天	减分项（-1）	第一天	第二天	第三天
我特别愉快				我非常疲惫			
我非常专注				我有些焦虑			
我发自内心地笑				我感受到压力			
我感受到爱与关心				我情绪非常低落			
我喜欢自己的生活				生活没有有趣的事			
共计得分				共计得分			

	第一天	第二天	第三天
总分 >			

临睡前

加分项（+1）	第一天	第二天	第三天	减分项（-1）	第一天	第二天	第三天
我特别愉快				我非常疲惫			
我非常专注				我有些焦虑			
我发自内心地笑				我感受到压力			
我感受到爱与关心				我情绪非常低落			
我喜欢自己的生活				生活没有有趣的事			
共计得分				共计得分			

	第一天	第二天	第三天
总分 >			

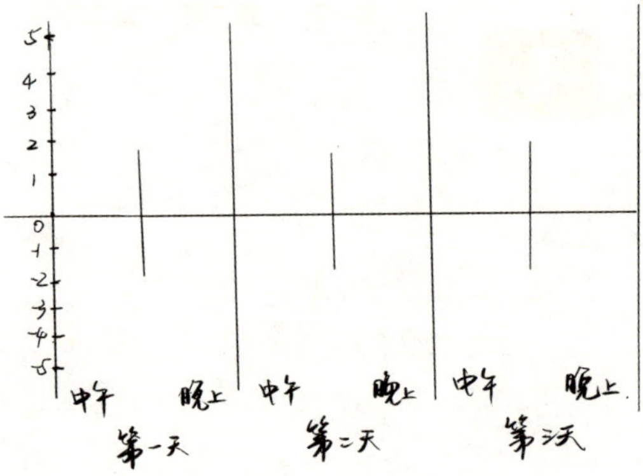

日期:

中午

加分项（+1）	第一天	第二天	第三天	减分项（-1）	第一天	第二天	第三天
我特别愉快				我非常疲惫			
我非常专注				我有些焦虑			
我发自内心地笑				我感受到压力			
我感受到爱与关心				我情绪非常低落			
我喜欢自己的生活				生活没有有趣的事			
共计得分				共计得分			

	第一天	第二天	第三天
总分 >			

临睡前

加分项（+1）	第一天	第二天	第三天
我特别愉快			
我非常专注			
我发自内心地笑			
我感受到爱与关心			
我喜欢自己的生活			
共计得分			

减分项（-1）	第一天	第二天	第三天
我非常疲惫			
我有些焦虑			
我感受到压力			
我情绪非常低落			
生活没有有趣的事			
共计得分			

总分 >	第一天	第二天	第三天

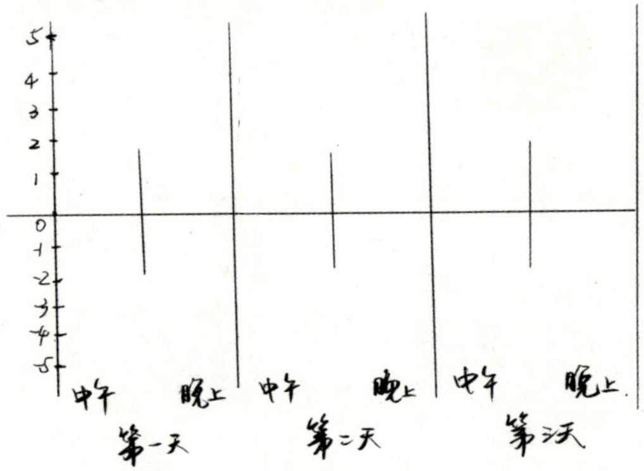

日期：

中午

加分项（+1）	第一天	第二天	第三天
我特别愉快			
我非常专注			
我发自内心地笑			
我感受到爱与关心			
我喜欢自己的生活			
共计得分			

减分项（-1）	第一天	第二天	第三天
我非常疲惫			
我有些焦虑			
我感受到压力			
我情绪非常低落			
生活没有有趣的事			
共计得分			

	第一天	第二天	第三天
总分 >			

临睡前

加分项（+1）	第一天	第二天	第三天	减分项（-1）	第一天	第二天	第三天
我特别愉快	○	○	○	我非常疲惫	○	○	○
我非常专注	○	○	○	我有些焦虑	○	○	○
我发自内心地笑	○	○	○	我感受到压力	○	○	○
我感受到爱与关心	○	○	○	我情绪非常低落	○	○	○
我喜欢自己的生活	○	○	○	生活没有有趣的事	○	○	○
共计得分	○	○	○	共计得分	○	○	○

	第一天	第二天	第三天
总分 >	○	○	○

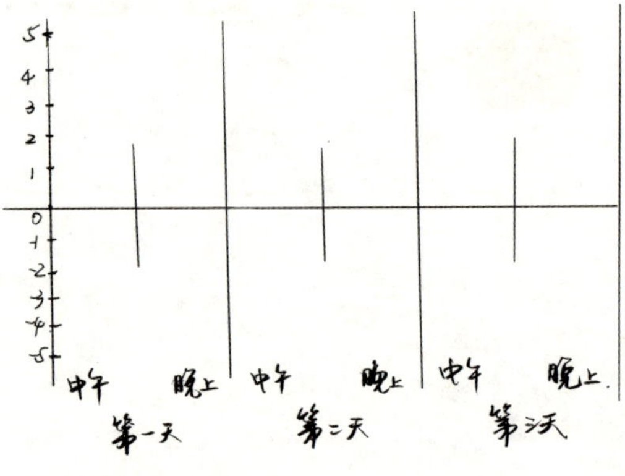

记录能量日记

记录自己每天生活中重要的事情、高光时刻、情绪低谷，我们就会清楚怎样安排生活能够有效提升“积极率”，让我们的状态更加“欣欣向荣”。

日期：____年____月____日

状态打分（是否有强烈的愉悦感）：

−5 −4 −3 −2 −1 0 1 2 3 4 5

沮丧　　平静　　愉悦

能量打分（是否感受到充满能量）：

−5 −4 −3 −2 −1 0 1 2 3 4 5

无精打采　　正常　　充满能量

高光时刻：

情绪低谷：

日期：____年____月____日

状态打分（是否有强烈的愉悦感）：

−5 −4 −3 −2 −1 0 1 2 3 4 5

沮丧 平静 愉悦

能量打分（是否感受到充满能量）：

−5 −4 −3 −2 −1 0 1 2 3 4 5

无精打采 正常 充满能量

高光时刻：

情绪低谷：

日期：____年____月____日

状态打分（是否有强烈的愉悦感）：

−5 −4 −3 −2 −1 0 1 2 3 4 5

沮丧 平静 愉悦

能量打分（是否感受到充满能量）：

−5 −4 −3 −2 −1 0 1 2 3 4 5

无精打采 正常 充满能量

高光时刻：

情绪低谷：

每天记录三件好事

每天睡前记录一下当天发生的三件好事，只需要几分钟，就可以积攒下生活中的美妙时刻。

日期：____ 年 ____ 月 ____ 日

今天发生的三件好事：

①

②

③

日期：____年____月____日

今天发生的三件好事：

①

②

③

日期：____年____月____日

今天发生的三件好事：

①

②

③

找到觉察力

当你疲惫、茫然、拖延时，请填写下面的表格，可以帮助你一秒钟找回自己的觉察力。

日期：____ 年 ____ 月 ____ 日

我在做什么：

我在想什么：

我原本应该做什么：

为什么没做这件事：

我的身体有什么感受：

我的情绪有什么感受：

日期：____ 年 ____ 月 ____ 日

我在做什么：

我在想什么：

我原本应该做什么：

为什么没做这件事：

我的身体有什么感受：

我的情绪有什么感受：

日期：____年____月____日

我在做什么：

我在想什么：

我原本应该做什么：

为什么没做这件事：

我的身体有什么感受：

我的情绪有什么感受：

日期：____年____月____日

我在做什么：

我在想什么：

我原本应该做什么：

为什么没做这件事：

我的身体有什么感受：

我的情绪有什么感受：

生活满意度问卷

按要求填写以下问卷，计算出你此刻的幸福基准线得分。

日期：____年____月____日

生活满意度问卷：幸福基准线得分

分数说明

0 分：非常不同意；1 分：不同意；2 分：不确定；3 分：同意；4 分：非常同意

1. 我对我的生活非常满意。

打分 > 0 1 2 3 4

2. 我感到非常幸福。

打分 > 0 1 2 3 4

3. 我拥有了我想要的生活。

打分 > 0 1 2 3 4

4. 我感到非常快乐。

打分 > 0 1 2 3 4

5. 我对自己非常自信。

打分 > 0 1 2 3 4

6. 我对未来充满信心。

打分 > 0 1 2 3 4

7. 我一点都不想改变我的现状。

打分 > 0 1 2 3 4

8. 我能够专注、高效地做事情。

打分 > 0 1 2 3 4

9. 我的生活充满了意义和成就感。

打分 > 0 1 2 3 4

10. 我身心都非常健康。

打分 > 0 1 2 3 4

将各项分数加在一起。我此刻的幸福基准线得分是 ____________。

日期：____年____月____日

生活满意度问卷：幸福基准线得分

分数说明

0 分：非常不同意；1 分：不同意；2 分：不确定；3 分：同意；4 分：非常同意

1. 我对我的生活非常满意。

打分 > 0 1 2 3 4

2. 我感到非常幸福。

打分 > 0 1 2 3 4

3. 我拥有了我想要的生活。

打分 > 0 1 2 3 4

4. 我感到非常快乐。

打分 > 0 1 2 3 4

5. 我对自己非常自信。

打分 > 0 1 2 3 4

6. 我对未来充满信心。

打分 > 0 1 2 3 4

7. 我一点都不想改变我的现状。

打分 > 0 1 2 3 4

8. 我能够专注、高效地做事情。

打分 > 0 1 2 3 4

9. 我的生活充满了意义和成就感。

打分 > 0 1 2 3 4

10. 我身心都非常健康。

打分 > 0 1 2 3 4

将各项分数加在一起。我此刻的幸福基准线得分是 ____________。

日期：____ 年 ____ 月 ____ 日

生活满意度问卷：幸福基准线得分

分数说明

0 分：非常不同意；1 分：不同意；2 分：不确定；3 分：同意；4 分：非常同意

1. 我对我的生活非常满意。

打分 > 0 1 2 3 4

2. 我感到非常幸福。

打分 > 0 1 2 3 4

3. 我拥有了我想要的生活。

打分 > 0 1 2 3 4

4. 我感到非常快乐。

打分 > 0 1 2 3 4

5. 我对自己非常自信。

打分 > 0 1 2 3 4

6. 我对未来充满信心。

打分 > 0 1 2 3 4

7. 我一点都不想改变我的现状。

打分 > 0 1 2 3 4

8. 我能够专注、高效地做事情。

打分 > 0 1 2 3 4

9. 我的生活充满了意义和成就感。

打分 > 0 1 2 3 4

10. 我身心都非常健康。

打分 > 0 1 2 3 4

将各项分数加在一起。我此刻的幸福基准线得分是 ____________。

日期：____年____月____日

生活满意度问卷：幸福基准线得分

分数说明

0 分：非常不同意；1 分：不同意；2 分：不确定；3 分：同意；4 分：非常同意

1. 我对我的生活非常满意。

打分 > ⓪ ① ② ③ ④

2. 我感到非常幸福。

打分 > ⓪ ① ② ③ ④

3. 我拥有了我想要的生活。

打分 > ⓪ ① ② ③ ④

4. 我感到非常快乐。

打分 > ⓪ ① ② ③ ④

5. 我对自己非常自信。

打分 > ⓪ ① ② ③ ④

6. 我对未来充满信心。

打分 > ⓪ ① ② ③ ④

7. 我一点都不想改变我的现状。

打分 > ⓪ ① ② ③ ④

8. 我能够专注、高效地做事情。

打分 > ⓪ ① ② ③ ④

9. 我的生活充满了意义和成就感。

打分 > ⓪ ① ② ③ ④

10. 我身心都非常健康。

打分 > ⓪ ① ② ③ ④

将各项分数加在一起。我此刻的幸福基准线得分是____________。

建立滋养清单

下面是一份空白的滋养清单，你可以随时填写，完成后，它将成为你的能量补给站。

①娱乐型清单

–

–

–

–

–

–

–

–

②兴趣型清单

–

–

–

–

–

–

③成就型清单

–

–

–

–

–

–

–

④营养型清单

–

–

–

–

–

–

–

–

定期回望自己

每隔一段时间，就可以通过回答下面表格中的问题来回望自己，梳理最近的状态，找到最佳定位。

日期：____ 年 ____ 月 ____ 日

现在回看过去这段时间的你——

①是否正在生活中发挥着自己的优势？

②是在践行还是违背了自己的价值观？

③是否改变了初心？

④是否有了认知上的巨大改变？

⑤是否体验了更丰富的生活？

日期：____ 年 ____ 月 ____ 日

现在回看过去这段时间的你——

①是否正在生活中发挥着自己的优势？

②是在践行还是违背了自己的价值观？

③是否改变了初心？

④是否有了认知上的巨大改变？

⑤是否体验了更丰富的生活？

自我梳理和定义

现在，请用下面的表格，进行自我梳理和定义吧！

姓名：

优势：

已经拥有的技能：

弱点：

好习惯：

坏习惯：

优势、能力和好习惯带给我的可能性：

近来确定的目标：

为了达成这个目标，我可以使用哪些优势和能力：